青春文庫

医療・食品・通信・ロボット・乗り物・宇宙…

実用寸前のすごい技術

話題の達人倶楽部［編］

青春出版社

想像を超える「すごい技術」が、実用寸前に！

21世紀になってから、科学やＩＴ、ものづくりなどの技術は加速度的に進歩してきた。この先どうなるのか、ちょっと、近未来の世界を想像してみよう。

「テレビを見たい」と思っただけで、電源がオンになる。食べものは３Ｄプリンターでさっさと作れるから、面倒な調理をする必要がない。車は自動運転で安全に進むので、移動しながらすやすや昼寝ができる。

宇宙飛行士でなくても、宇宙空間まで飛んでいって無重力体験を楽しめる。小さな「ロボット」が体内に入って、がん細胞を退治してくれる。コンタクトレンズをはめてウインクしただけで、目の前にインターネットの世界が広がる……。

いまあげた「すごい技術」の数々は、じつはすでに実用化目前。技術の進歩は想像をはるかに超えるところまで来ている。私たちの暮らしは、「すごい技術」によってどう変わるのか？　さあ、ページをめくっていただきたい。

◆実用寸前のすごい技術　もくじ

第1章　実用寸前！　想像を超えて「日常生活」が激変する

第2章 実用寸前！「ＩＴ技術」であのＳＦが現実になる

第3章 実用寸前！ 最先端の「医療」が人類の夢を叶える

第4章 実用寸前！ 本当に役立つ「ロボット」が続々誕生する

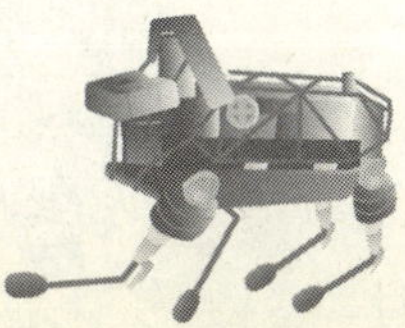

第5章

実用寸前！ 革新的な「乗り物」が社会を一変させる

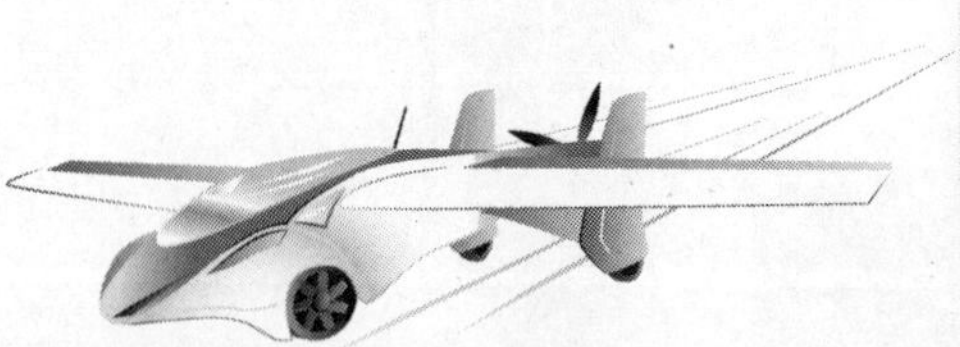

第6章

実用寸前！「宇宙空間」がどんどん身近な存在になる

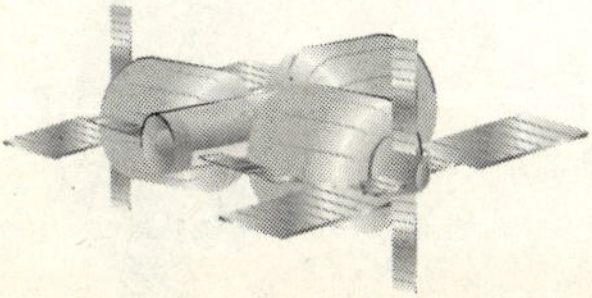

第7章 実用寸前！まったく新しい「エネルギー」が生まれる

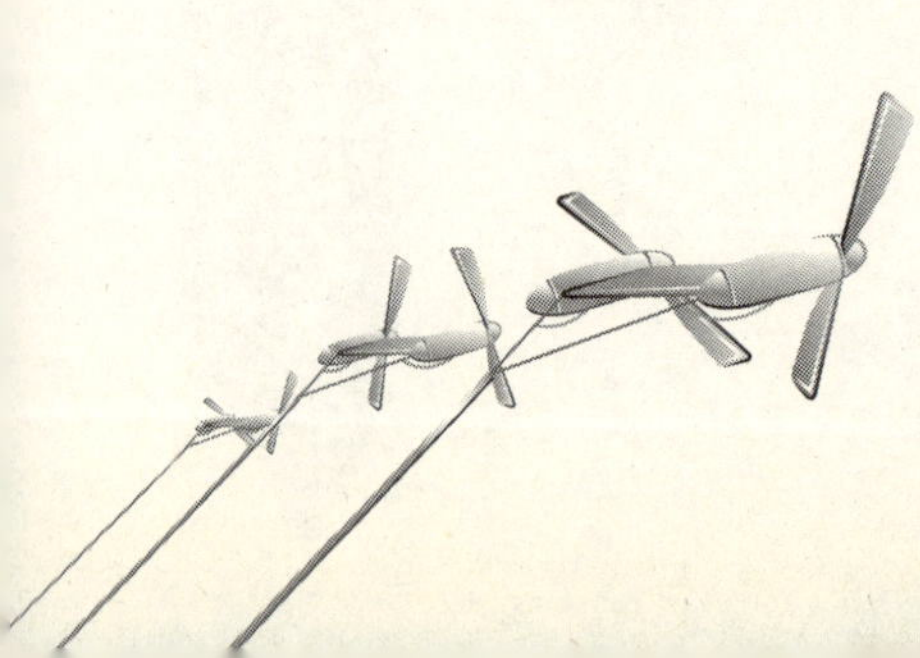

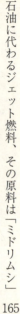

第1章

実用寸前！想像を超えて「日常生活」が激変する

目指すのは分厚いステーキ。幹細胞を培養する「人造肉」

二酸化炭素と並ぶ、主要な温暖化ガスであるメタンガス。その約17%は、じつは牛をはじめとする家畜の「げっぷ」から大気中に広がっている。ということは、家畜の数を減らせば、温暖化を防止することができる。

しかし、肉は最も大切な食糧のひとつ。これから人口がますます増加することを考えると、家畜の数を減らすのは難しい。そこで、生理学などの研究者は考えた。そうだ、肉を牧場ではなく、試験管の中で作ればいいじゃないか、と。

こうした発想から、オランダのマーストリヒト大学で2013年、世界初の「人造肉ハンバーガー」が作られた。ちょっと怪しい研究のようにも思えるが、そんなことはない。当初はオランダ政府が支援し、その後はグーグルの共同創設者セルゲイ・ブリン氏が資金を提供している。

この人造肉は、牛の幹細胞をシャーレで慎重に培養し、できた筋繊維を合成して作られた。培養にかかった期間は9週間。研究費用を合計すると25万ポンド、日本円でいうと約3750万円にのぼった。

家を1軒建てられるほどお高い、超高級ハンバーガー。その試食会はロンドンで行われた。見た目をできるだけ本物に近づけようと、ビートの根とサフランで赤く色づけ。ヒマワリ油にバターを混ぜて焼き上げると、チョリソーのような深みのある赤色に変わった。

試食した人の感想をまとめると、次のようになる。確かに、肉には近い。でも、肉のようなジューシーさはない。肉と一番違うところ？　そうだな、匂いだ。

見た目は本物に近づけられたが、残念ながら、匂いのほか、味や食感も違った。人造肉に脂肪が含まれていないことが原因のようだった。脂肪をうまく添加したり、香辛料を利かせたりすれば、もっと本物らしくなるのではないかと思われた。

この人造肉ハンバーガーを生み出した研究者たちには、まだまだ作ってみたい肉がある。彼らが究極の目標とするのは人造肉によるステーキだ。

しかし、そのためには血管などを含む複雑な組織を作る必要がある。加えて、表面だけではなく、内部の深いところまで、栄養分をしっかり行きわたらせないといけない。人造肉ステーキを作る難しさは、筋繊維を合成してまとめて作るひき肉風の肉とは比べものにならないのだ。

人造肉を作る研究は、ほかにも行われている。

オランダのワーニヘンゲン大学では、人造肉に関する未来図を描いた論文が発表された。ブタから幹細胞を採取。研究室のシャーレやフラスコで培養しながら、少しずつ増やしていき、ついには容積20㎥という途方もない大きさの培養器が満杯になるまで増殖させる。

この膨大な量の「人造肉の元」から大量のひき肉を作り、ハンバーグの形に成型するという研究だ。

幹細胞の採取から成型までにかかる時間は1カ月で、できる人造肉の量は2500人分。ただし、これほどまとめて培養しても、経費から肉の値段を計算すると、松坂牛よりもはるかに高い100g当たり約5300円になるという。

我々が気軽に人造肉のハンバーガーやステーキを食べられるのはいつになるのか？　研究者の1人は、早ければ10年後、遅くても20年以内には人造肉が出回る可能性があると語っている。

ピザや宇宙食を〝印刷〟できる「3Dフードプリンター」

子どもの頃に食べた「おふくろの味」は、いつになっても懐かしく思い出すものだ。しかし、もしかしたら、100年後には「おふくろの味」どころか、「家庭料理」というジャンルそのものが消え失せているかもしれない。

食べものは人が調理するものではなく、家庭に常備されているある機械が担当。スイッチを押すだけで（あるいは脳波を伝えるだけで？）、数分後には食べたい料理ができあがる。そんな世の中になっている可能性がある。

じつは遠い未来の話ではなく、現在でも、料理の概念を変えるその機械――「3Dフードプリンター」の開発は着々と進められている。そのひとつが、米国のシステムズ・アンド・マテリアルズ・リサーチによるプロジェクトだ。

同プロジェクトにはNASA（米航空宇宙局）が12万5000ドル（約1500万円）の資金を援助。研究の成果は、今後計画される火星探査など、長期間にわたる宇宙旅行での食事提供に利用される。

この3Dフードプリンターの原理は、従来の3Dプリンターと基本的には同じ。異なる点は、樹脂やアクリルではなく、たんぱく質や炭水化物、脂質といった食品の元を材料にすることだ。これらをカートリッジに入れて、何枚もの層に重ねていくことで立体化。従来の食べものとは違うイメージでデザインすることもできる。

システムズ社はNASAの資金をもとに、ピザを〝プリント〟できる3Dプリンターの試作品に取りかかる予定だ。ピザは生地やトマト、ソース、トッピングなど、別々のものが組み合わさってできている。しかも、形状が単純な平らなので、3Dプリンターで比較的作りやすいそうだ。

このシステムズ社のほかに、スペインのナチュラルマシーンズ社も、ピザなどが作れる3Dフードプリンターを開発中で発売間近だという。どのメーカーのプリンターが高性能だろうかと、選んで買える時代が目の前に来ている。

3Dフードプリンターの研究者の中には、理論的にはどのような料理でもプリンターで作ることができる、と断言する者もいる。高性能のプリンターの完成が、料理の世界に革命を引き起こしても不思議ではない。

3D フードプリンターで
ピザを作る

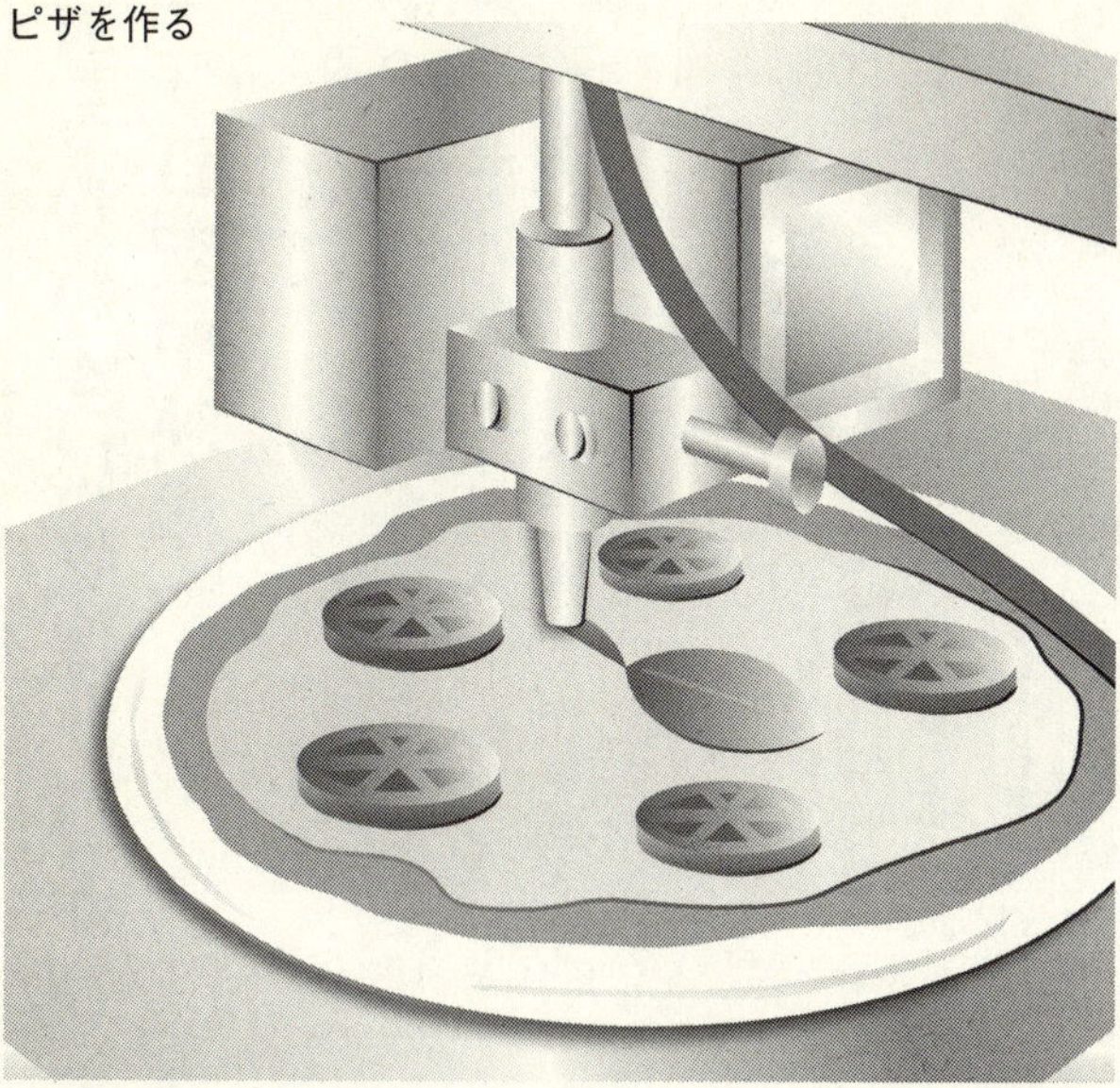

こんな不思議な形の〝料理〟もできる

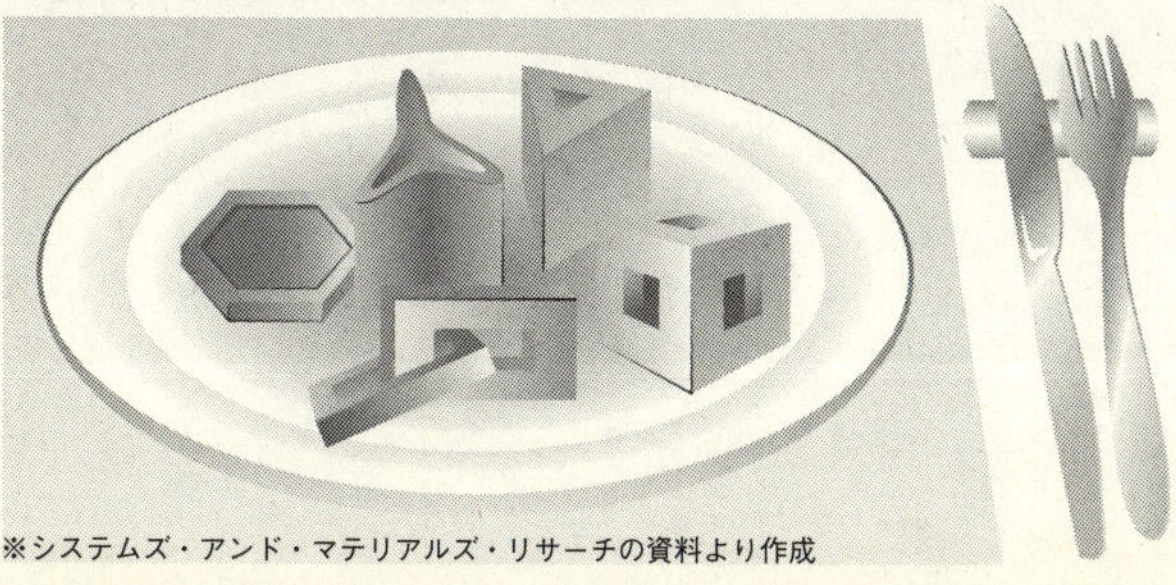

※システムズ・アンド・マテリアルズ・リサーチの資料より作成

何もない空に映像が浮かび上がる「3D空中映像」

映画『スターウォーズ』で記憶に残る名シーンのひとつが、ロボットのR2－D2がレイア姫の映像を空中に浮かび上がらせる場面だ。映画の中でしか見られなかったこうした空中投影が、近々実用化されようとしている。

2014年10月、東京の日本科学未来館で、世界で初めてのデモンストレーションが行われた。実施したのは同館の研究棟を拠点とする「空中3Dディスプレイプロジェクト」。何もない空中に突然、人やリンゴ、蝶などの3D映像が現れるたびに、集まった人たちから驚きの歓声があがった。

空中に映像を浮かび上がらせる方法としては、これまでにも、空中に水蒸気を散布してスクリーン代わりにするやり方などがあった。しかし、この3Dディスプレイのように、スクリーンを使わないで投影するのは初めての試みだ。

空中投影の仕組みは、小学生が理科の授業で行う、虫メガネで太陽光線を集光し

※空中3Dディスプレイプロジェクトに参画したバートンの資料より作成

て紙を焦がす実験と同じ。レーザー光線をレンズで集光すると、焦点付近がプラズマ状態になって発光が起こる。その発光と残像を利用すると、静止画はもちろん、動画を作ることもできるという。

実験当初は10cm四方程度を光らせるのがせいぜいだったとか。その後、研究を進めて、いまでは高さ10mのところに、最大6m四方の映像を映し出すことができるようになった。

映像を映し出している間、ジジジ……という、故障した電線のようなイヤな音がするが、レーザーの質が良くなれば音を小さくするのは可能。音階も作れるというから、将来、BGM付きの屋外ディスプレイとして引っ張りだこになりそうだ。

開発の原点は阪神・淡路大震災の直後、避難誘導などの情報をもっとうまく発信する方法はなかったのか、と考えた点にあるという。建物が倒壊し道路が陥没した中、目立つ空中に文字や矢印を浮かび上がらせると、なるほど、人を安全に避難誘導できるかもしれない。

空中3D映像の開発は始まったばかりだが、技術が高まるにつれて、利用方法はどんどん広がっていきそうだ。

部屋がまるごとバーチャル空間に。マイクロソフトの新タイプ「没入型ゲーム」

ゲームの世界はいま、手軽なソーシャルゲーム全盛時代を迎えている。その一方で、根っからのゲーマーから熱い視線を浴びているのが、「没入型」と呼ばれる新しいタイプのゲームだ。

没入型とは、現実とはかけ離れた仮想現実の中にプレイヤーが「没入」するもの。周りが見えなくなるヘッドアップディスプレイなどを装着。バーチャルリアリティの映像の世界にどっぷり入り込んでゲームを行う。

この「没入型」ゲームの最先端を走るもののひとつが、マイクロソフトが2014年に開発した実験的技術「RoomAlive」。注目されるのは、没入するためのアプローチが、ヘッドアップディスプレイなどを使うゲームとはまったく異なることだ。

プレイヤーがゲームの中に入っていくのではない。その逆に、複数の広角プロジェクターなどを使って、プレイヤーがいる現実世界のほうにバーチャルリアリティの空間を創り出すのだ。

ゲームが開始されると、部屋の壁と床全体、さらに家具の上などにも、ゲームの世界が映し出される。しかも、プレイヤーの頭の位置を常に検知し、映像に出てくるモンスターや物体の形を調整し、微妙にパースをかけて処理。ひずみのない自然な仮想現実の中に没入することができる。

「RoomAlive」のデモゲームの動画では、いくつかのゲームの様子を紹介している。そのひとつ、「モグラたたき」風のゲームでは、部屋の壁や床にさまざまなモンスターが次々登場。それらをコントローラーを使って撃ったり、踏みつけたりしてクリアする。

また、部屋全体をモニターのように使い、通常のゲームのようにコントローラーを操作し、ダイナミックにキャラクターを動かすこともできる。さらに、相手の攻撃をかわすゲームでは、避けきれなかった場合、いかにも「やられた!」という感じで目の前がボワッ!と燃え上がる。いずれのゲームも臨場感にあふれている。

部屋をまるごとバーチャルリアリティ空間にする「RoomAlive」。将来、プロジェクターなどを小型化できれば、家庭用ゲームの主役に躍り出るかもしれない。

壁や床にモンスターが出現。
部屋全体がゲーム空間になる

2020年の実用化を目指す「パンクしないタイヤ」

車を運転している人なら、一度はパンクを経験したことがあるだろう。道端に停めて自分で応急処置をするか、それとも手に負えなくてJAFなどを呼ぶか。いずれにしても厄介だ。パンクはあとの処置が面倒なだけではない。高速道路を運転中にバーストを起こしたら……想像するだけでも冷や汗が出そうだ。

ああ、パンクしないタイヤがあればいいのに――。多くのドライバーの願いごとは、そう遠くないうちに叶えられそうだ。ブリヂストンが2020年に実用化することを目標に、「パンクしないタイヤ」の開発を着々と進めている。

この新技術は「エアフリーコンセプト（非空気入りタイヤ）」と呼ばれるものだ。従来のタイヤは、空気が入ったゴムチューブが中に入っている。このため、自転車のタイヤと同じく、釘などが刺さると空気が抜けて修理が必要になるわけだ。

一方、エアフリーにゴムチューブは入っていない。その代わりに、タイヤ表面のゴムと中心部のホイールとの間に、板状で少し波打った特殊な形をした樹脂製スポークを張り巡らせている。

使っている樹脂製スポークは、タイヤの外側と内側に60本ずつ、計120本。材料の樹脂は高い強度でありながら、柔軟性も持っており、車の重量をしっかり支えることができる。

ブリヂストンがエアフリーの開発に着手したのは2008年のことだ。パンクしないタイヤを作るにはどうしたらいいかと考え、「空気のないタイヤ」を発想したのが始まりだったとか。

それから3年間の開発期間を経て、2011年、最初のエアフリーが発表された。その後、さらに研究を重ねて2013年、進化した第2世代のエアフリーが「東京モーターショー」で披露された。

ニュータイプのエアフリーは、スポークの形状を改良したことなどにより、性能が大幅に上昇した。最高速度は10倍も増えて、時速60kmまで出すことができるようになった。また、耐えられる車両重量についても、第1世代と比べて4倍増の410kgまでアップした。

第1世代の最高速度は、早足よりもちょっと速い程度。耐えられる重さもわずかなので、高齢者用のシニアカーなどで使うしかなかった。

それが第2世代では、最高速度・車両重量ともに、コンパクトな1～2人乗りの超小型車なら十分利用可能な数字になっている。実用化に向けて、大きな一歩を踏み出したといっていいだろう。

実際に使うとなると、燃費も重要になる。第2世代は第1世代と比べて、走る際に生じるタイヤの変形をかなり抑えることができた。この改良により、空気入りの低燃費タイヤとほとんど同じ程度の燃費で走ることが可能だという。

環境への影響に対しても、エアフリーには大きなメリットがある。従来のタイヤは、使えなくなったものを燃料に利用できるものの、タイヤとして再利用することはできない。一方、エアフリーはスポークもゴムもリサイクル可能なので、資源の有効利用ができるのだ。

ブリヂストンでは今後、さらに開発を進め、耐えられる最高速度や車両重量はもちろん、耐久性などについても実証していく。パンクをまったく気にしないで走れる時代はもうすぐだ。

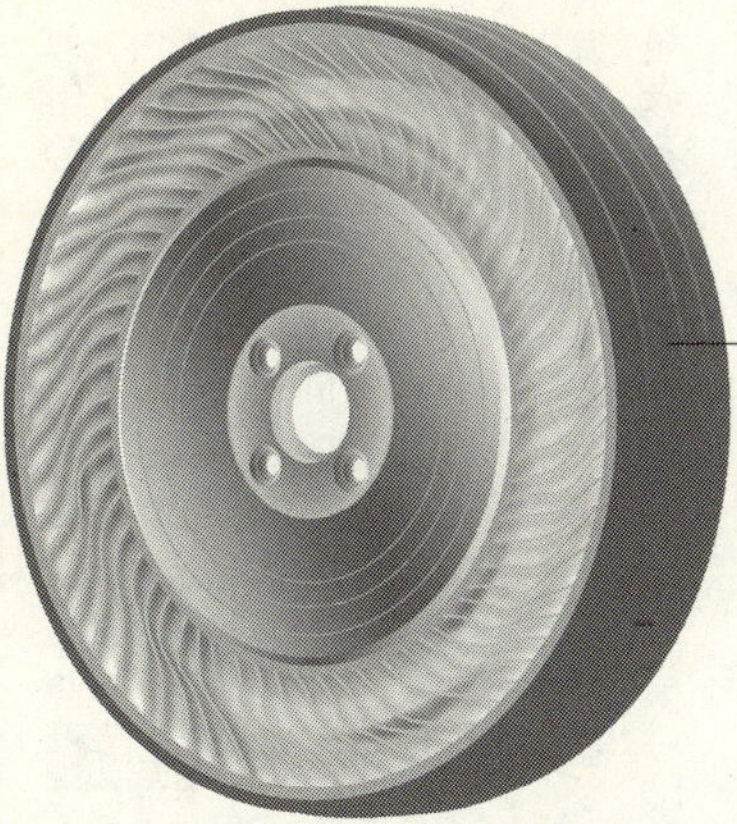
タイヤ表面（ゴム）と
ホイールを
計120本の
樹脂製スポークで
つなぐ

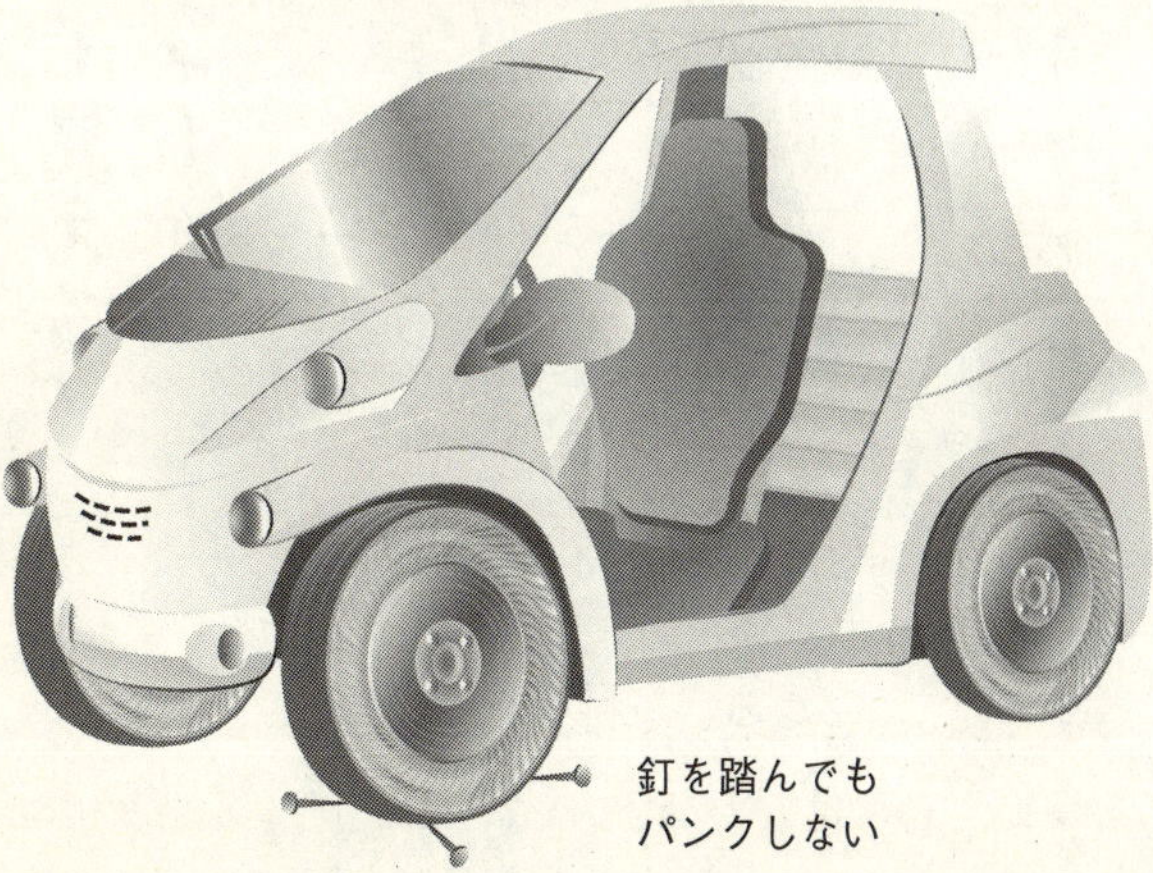

※ブリヂストンの資料より作成

すっぽり被ると、透けて見える。ドラえもんの「透明マント」

ドラえもんやハリー・ポッターが持っていた「透明マント」。そう遠くない未来、この夢にあふれる秘密道具が現実のものになる可能性がある。

日本の研究者で透明マントの実現に近づいているのは、慶応大学の稲見昌彦教授。稲見教授は「光学迷彩」という技術を利用して、ユニークな試作品を開発した。

発表されたのはフード付きの黒っぽいレインコートのようなマント。これをすっぽり被って、〝ある操作〟を加えると、不思議なことに後ろが透けて見える。マント自体が完全に消えるわけではないので、正確には「半透明マント」と呼んだほうがいいかもしれない。

驚くべきこの透けるマントには、表面に直径0・05㎜ほどの小さなガラスビーズがびっしり敷き詰められている。このガラスビーズは自転車の反射板などに使われている素材と同じようなものだ。

通常、光が何かに当たると、さまざまな方向にバラバラに反射する。ところが、このガラスビーズ製のマントはそうではない。光が当たると、差し込んできた方向にそのまま反射するのだ。こうした性質を持つ素材を「再帰性反射材」という。

ただし、マントを被っただけでは透けては見えない。マントを透明にするには、被っている人の背後に広がる映像を撮影しておく必要がある。

プロジェクターを使って、その映像をマントに向けて投影。すると、マントは映像をきれいに映し出し、全体的には風景に溶け込んで見える。背後の映像をそのままマントに映すと、微妙な距離感の違いがわかるので、コンピュータで立体感などを補正しておくのがポイントだという。

この透明マント、実用化して「かくれんぼ」に使おう、などという目的で開発されているわけではない。

たとえば、車の後部座席に再帰性反射材を使用。カメラを使ってリアルタイムの映像を投影すれば、バックでの駐車がぐっと楽になるだろう。医療の世界でも実用化が可能。ＭＲＩによって体内を撮影し、その映像を患者の体の表面に映し出せば、手術する前のシミュレーションに使えそうだ。

再帰性反射材を使った「透明」にする最先端技術。今後、研究がさらに進めば、使い道はたくさんありそうだ。

透明マントに関する研究をもうひとつ紹介しよう。こちらは全然ファンタジー的なイメージではなく、戦場での利用を狙ってのものだ。

開発したのはカナダの軍用迷彩デザイン会社、ハイパーステルス。光を屈折させる「量子ステルス」という技術を使って、新しい光学迷彩素材を開発したことにより、人やものを透明に見せられるという。

しかも、このマントはかぶった人を隠すだけではない。赤外線スコープや熱を感知して映像化するサーマルビジョンでも映し出されないとのことだ。

ハイパーステルスのホームページには、地面に腹ばいになってマントをかぶっている人の画像などを掲載。マントは実際、周りの土と同じ色をしており、遠くから見たら、そこに人がいるとは気づかないかもしれない。

ただし、ハイパーステルスは、技術の仕組みについては軍事上の技術であるため、公開することはできないという。このため、開発の事実を疑う声が少なからずあるともいわれる。

畑よりも野菜がすくすく育つ、LED照明の「野菜工場」

20世紀に入ってから、人類は爆発的に増え続けており、２０１２年には世界の人口は70億人を超えた。人間１人を生かすには約４haの耕地が必要だというから、人類全体を養うには２８０億haの耕地がなければならない。ところが、地球上にある耕作可能な土地は約３００億haしかない。いまがすでにギリギリの状況なのだ。

そこで脚光を浴びつつあるのが、従来のような畑ではなく、「植物工場」で野菜を生産する仕組みだ。近年、ＬＥＤ照明が急激に進化したことにより、この分野の研究がいま急ピッチで進められている。

２０１４年、宮城県に誕生した最先端の植物工場を紹介しよう。運営するのは農業ベンチャー企業、みらい。ＬＥＤ照明を利用した植物工場としては、世界最大級のスケールを誇る。

工場内に漂うのは、何だかＳＦチックな雰囲気。積み重ねられたアルミフレームの栽培棚の中に、みずみずしい野菜がところ狭しと並び、LED独特の人工的な光に照らされて幻想的に輝く。

このLED植物工場で生産されているのはレタス。1日1万株を収穫できるというから、本来なら広大な耕地を必要とする耕作規模だ。

栽培では土はまったく使わない。細かく砕いた石を土代わりに、肥料分を水に溶かした水耕栽培で育てられる。じつは、通常のように土を使った栽培では、水が土の中に必要以上に含まれてしまう。このため、本来必要な分量よりもはるかに多い水を与えなければならない。

このLED植物工場では、水耕栽培で必要十分な水を与えるのに加えて、肥料を溶かした溶液を循環させたり、霧状にして吹きかけたりする工夫を施すことにより、水の使用を通常の栽培の100分の1にまで抑えている。これなら水が貴重な砂漠地帯でも十分栽培を行えそうだ。

工場の最大の特徴は、いうまでもなくLED照明を取り入れていることだ（導入コストの面から、いまは蛍光灯との併用）。その理由は、稼働後のランニングコストが低いということだけではない。

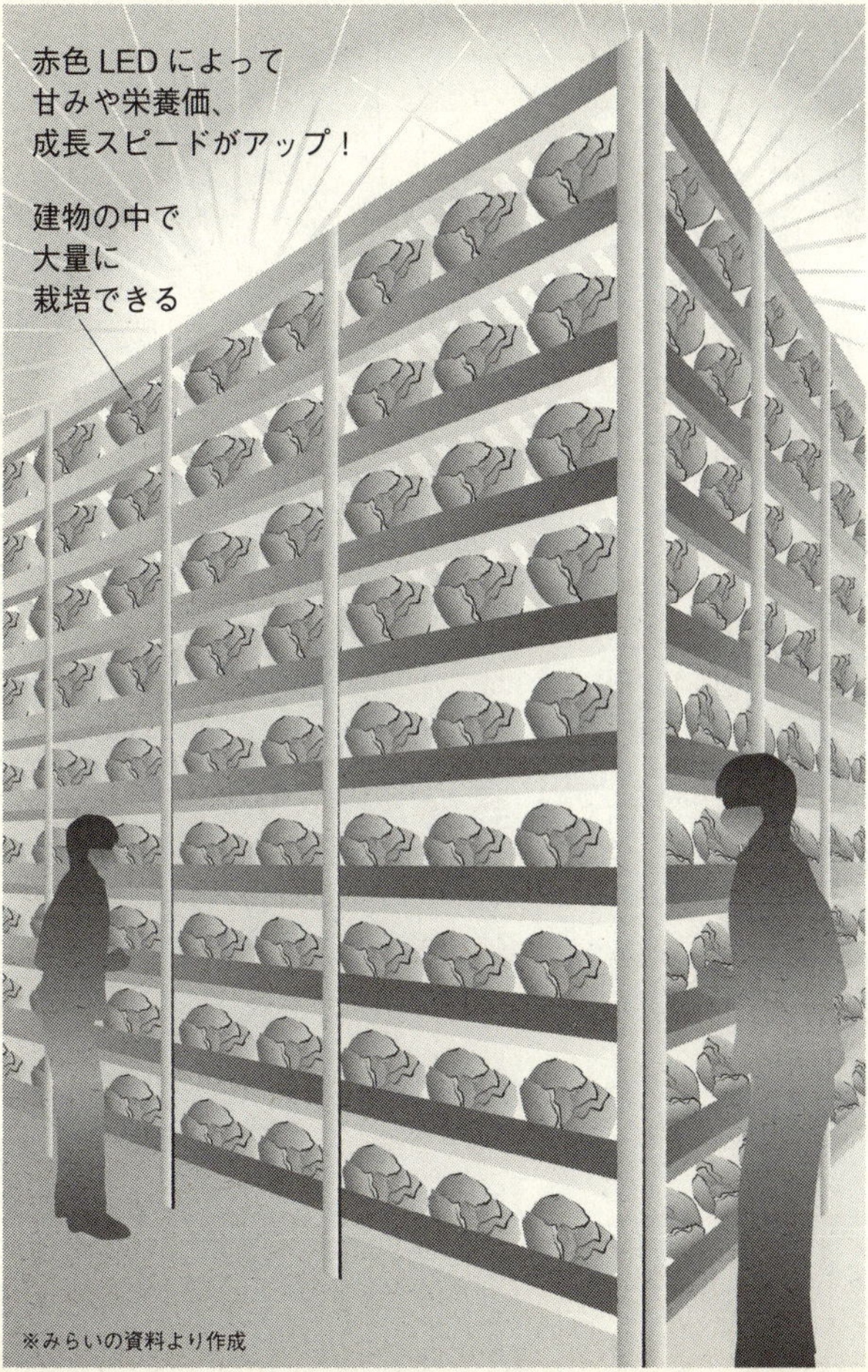
赤色LEDによって
甘みや栄養価、
成長スピードがアップ！
建物の中で
大量に
栽培できる
※みらいの資料より作成

じつは、植物が生育に必要な光の波長は決まっている。レタスの場合、赤色LEDの光を浴びると、葉が軟らかくなり、苦みが少なくなって甘みは増す。さらに栄養価も高くなるという。

栽培に最も適した光の波長もわかっている。レタスが最もおいしくなるのは、660nm（ナノメートル）近辺の赤色の光。LEDは波長を選べるので、植物にとってベストの光で照らし続けることができるのだ。

LED植物工場では、さらに「パルス照射」といって、パッパッパッ……と高速で点滅させながら光を当てる。こうしたほうが成長率が良くなり、電気の消費も抑えられて一石二鳥なのだとか。この工場では、蛍光灯を使う場合と比べて、消費電力を40％減らす一方で、収穫量は50％アップさせている。

現在、葉物野菜を生産しているのは、根菜類や実のなる野菜と比べて、光をそれほど必要としないのが理由。今後、LEDの価格が下がるなど、コスト面で釣り合うようになれば、光をより必要とする根菜や実のなる野菜もできるという。

野菜は畑ではなく、工場やビルの室内で栽培するのが当たり前——。耕作地不足の問題を簡単にクリアする、こんな時代はすぐそこまで来ている。

水中で酸素を得るための秘策、「エラ呼吸」「人間光合成」

魚のように、海の中を泳いだり潜ったりしてみたい……子どもの頃、こう思ったことはないだろうか。そんな夢を追う技術について、ふたつの異なるアプローチから紹介しよう。

ひとつは韓国のデザイナー、ジェオビュン・イェオン氏が2013年に考えた方法だ。イェオン氏は映画「007」シリーズを観て、主役のジェームズ・ボンドが小型水中呼吸器をくわえて潜水しているシーンに着目。そこからインスピレーションを得て、新しい水中呼吸器「トリトン」を考え出した。

トリトンはプラスチック製のマウスピースを中心に、その左右にアームが突き出たデザイン。このアームが魚の「エラ」のような機能を果たすという。

アームには水分子よりも小さな穴が開いており、取り込んだ水から酸素だけを分離。その酸素を集めて圧縮し、小型タンクに貯蔵する。利用者は酸素を酸素供給バルブから吸い込み、排気バルブから息を吐きだすことにより、魚のように水中に潜り続けることができるのだという。

ただし、この考え方通り、エラ呼吸のように酸素を生み出せるようになるかどうかは、しっかり検証してみないことにはわからない。イェオン氏自身も、トリトンはまだコンセプト段階の計画で、実際に注文を受けるにはまだ少々時間がかかると考えているようだ。

トリトンは実用化できたら、スキューバダイビングの世界を変える可能性があるが、それでも「魚のように自由に泳ぐ」とまではいかない。小型化されたとはいえ、水中呼吸器をくわえなくてはいけないからだ。

これに対して、何も道具を使わずに潜っていられる方法を考えている人たちもいる。この難題を解き明かそうと挑んでいるのは、カナダのダルハウジー大学の研究者たちだ。

誰もが彼らのアイデアには驚くだろう。藻類のDNAを人間の体内に取り込み、水中で光合成することによって呼吸する、というものだ。

ダルハウジー大学の研究によると、藻類がサンショウウオの胚子の中に潜り込み、細胞の一部となって一体化することがわかった。

やがてサンショウウオは成長する。しかし、それでも藻類はサンショウウオの体から離れない。サンショウウオの子どもに、藻類の持つＤＮＡが組み込まれることもあり得るという。いうなれば、サンショウウオと藻類のハイブリットが誕生したようなものだ。

一緒にいることにより、両者はどちらも得をしているようだ。サンショウウオは藻類の光合成によって酸素を受け取り、藻類はサンショウウオの細胞が出す窒素豊富な老廃物を栄養にする。

ダルハウジー大学ではこの両者の関係に注目。人がサンショウウオの代わりに藻類と一体化し、体内で藻類に酸素を生み出してもらおうと考えた。

人もサンショウウオも同じ脊椎《せきつい》動物だからできるに違いないと、研究者たちは仮説を立てているが、異なる生物のＤＮＡを取り込んで安定させるには、実験を重ねて検証しなければならない。

実用化すれば、長く潜っていられるだけではなく、水中で暮らすことさえできそうだ。しかし、ぜひ藻類と一体化したい、という人が現れるかどうかはわからない。

山の中でもマグロやフグを養殖できる「不思議な水」

近年、中国の躍進や新興国の経済成長などを背景に、魚の需要が世界的に高まっている。このままではマグロやシラスウナギなどに続いて、漁獲量が激減する魚が続出するに違いない。今後、獲るだけの漁業は立ち行かなくなり、養殖にスポットライトが当たるようになるだろう。

こうした中、将来の養殖のカタチを変える可能性があると、岡山理科大学が開発した「好適環境水」が注目されている。マグロやフグなどの海の魚を山の中でも養殖できるという〝魔法の水〟だ。

好適環境水は魚が浸透圧を調整していることに注目して考え出された。魚は水と血液の塩分濃度が異なる環境で生きるため、淡水魚は体内に水分を取り込み過ぎないように、逆に海水魚は水分を外に出し過ぎないように、浸透圧を調整している。

好適環境水の開発にあたっては、この浸透圧調整に深くかかわる成分について研究。海水を構成する約60の成分の中から、ナトリウムやカリウムなどが重要であることを突き止め、必要な濃度も明らかにした。これらのわずかな成分を水道水に加えたのが好適環境水だ。

実際に使う場合は、魚の種類によって、塩分濃度を海水の4分の1から10分の1程度に調整。相当な低濃度なので、海水魚と淡水魚を一緒に飼育することもできる。好適環境水を使う養殖にはメリットがいくつもある。まず、海水で育てるよりも、魚の成長がぐっと速いことだ。

研究ではトラフグやヒラメがどのように成長するかを調べた。トラフグの場合、孵化《ふか》した中から1000匹を、好適環境水を満たした35t水槽で飼育。その結果、約850匹が1年2カ月ほどで1kgサイズ（体長35～37cm）まで成長した。海水で養殖した場合、1kgサイズになるには2年ほどかかる。好適環境水の中では、約1・7倍もの速さで成長することになる。短い期間で出荷できるので、ビジネス上のメリットは非常に大きい。

成長が速い理由は、体が塩分調整をする必要がないため、その分のエネルギーを成長に回せるのではないか、と考えられている。加えて、天候の影響を受けず、水温を一定にコントロールできるのも、魚の成長を促しているようだ。

ふたつ目のメリットは、元々が水道水なので病原菌がおらず、養殖するうえで大きな問題となる病気の発生が少ないことだ。

通常の養殖では、病気になるのを防ぐため、抗生物質などの薬品の投与が欠かせない。大量に与えると、魚の安全性の問題のほか、環境に対する影響も懸念される。好適環境水を使った養殖では、こうした薬品がいらないので、健康な魚を出荷できるうえに、環境に悪影響を与える心配もない。

従来の人工海水と比べて、はるかに低コストなのもメリットだ。人工海水はさまざまな成分を真水に加えて、海水に近づけたもので、家庭での海水魚飼育や水族館などで使われている。しかし、1t当たり1万5000円〜2万円とけっこう高い。それが好適環境水を使うと、コストを約60分の1まで下げることができる。

場所を選ばずに養殖できるのも優れた点だ。たとえ山の中でも、マグロやフグなどの特産ブランド魚を生み出すことができる。地域おこしの起爆剤にと、手をあげる自治体も多いのではないか。「山村マグロ」「山里フグ」といった、目を引く新しいブランド魚の登場もそう遠くないかもしれない。

メガネなしで立体映像を映し出す。NHKの「立体テレビ」

２０１１年の大ヒット映画『アバター』以降、３Ｄ映画がごく普通に上映されるようになった。この流れに並行して、テレビでも３Ｄがブームになるかと一時思われたが、その後、尻すぼみになった感がある。

テレビで日常的に立体的な映像を流す時代はやって来ないのか。いや、そんなことはないだろう。何といっても、天下のＮＨＫが新型立体テレビの開発に励んでいるのだから。

ＮＨＫは２０１４年に開催された技術公開イベントで、かねてから開発を進めている立体テレビの新技術を発表した。取り組んでいるのは、新時代の３Ｄテレビ「インテグラル立体テレビ」の開発。特殊なメガネをつけなくても、立体像を自然な感じで空間に表示するシステムだ。

インテグラル立体テレビの撮影は、カメラと被写体の間に、微小なレンズが組み合わさった「レンズアレー」という特殊なレンズを挟んで行われる。こうすると、映る角度がわずかずつ異なる映像をたくさん記録できる。

映像を見る場合は、撮影した映像を重ね合わせる。角度が少しずつ違う映像が多数合わさることにより、被写体が立体的に見えるという仕組みだ。

ただし、インテグラル立体テレビで見る立体像は、被写体に特徴がない場合、立体像の品質が低下するという欠点がある。NHKは新たに赤外線カメラなどを利用することにより、無地のシャツを着た人物などの特徴がない被写体でも、高品質の立体画像にする技術を開発した。

NHKは、このインテグラル立体方式だけではなく、立体像を作り出す別の仕組みである「ホログラフィ」についても研究。光の状態を制御することによって、単なる静止画ではなく、動画にまで高めようとする試みも行っている。

これらの技術開発の先に、自宅のリビングで専用メガネなどを装着せず、気軽に3D映像のテレビ番組を楽しめる時代が訪れる。ただし、そうなるには周辺機器の大幅な性能アップなどが必要とのこと。NHKが立体テレビ実用化の目標として掲げるのは2030年頃。まだ少々遠いが、その時代は間違いなくやって来る。

第2章

実用寸前！「IT技術」であのSFが現実になる

脳波と脳の血流でセンサー稼働、家電を「遠隔操作」

未来の暮らしを大きく変えるに違いないと、いま非常に注目されている技術がある。「ＢＭＩ」（ＢｒａｉｎＭａｃｈｉｎｅＩｎｔｅｒｆａｃｅ）といわれるシステムだ。ひと言でいうと、脳をコンピュータなどの機械とつなぐことにより、機械が人間の代わりに何か行うことを目指すもの。元々は、全身の筋肉が動かせないＡＬＳ（筋萎縮性側索《そくさく》硬化症）や、後遺症で手足が動かせなくなった脳卒中など、重い症状が現れた患者の動きの代行や、意思の疎通を目的として研究が始まった。

研究が進むとともに、成果を活かせる範囲も拡大。いまでは病気の治療はもちろん、さまざまな生活の質を上げることを目指して研究が行われている。

ＢＭＩの研究では近年、普通の生活で活かせるようなシステムの開発がどんどん進んでいる。そのひとつが、ＡＴＲ（国際電気通信基礎技術研究所）と島津製作所、積水ハウス、ＮＴＴ、慶応大学が３年間にわたって共同研究し、２０１４年に発表

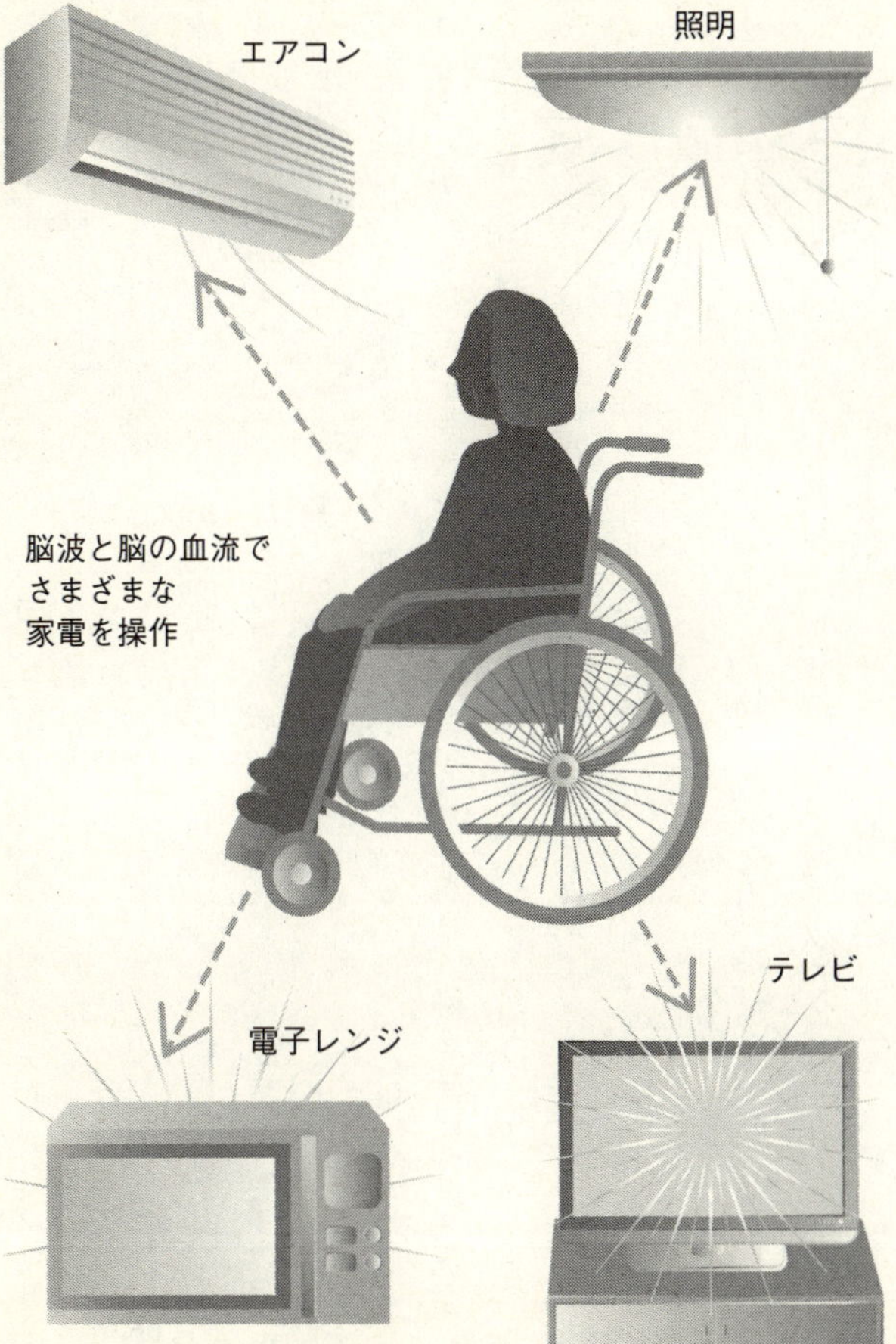
エアコン
照明
脳波と脳の血流で
さまざまな
家電を操作
テレビ
電子レンジ

した新しい技術。頭の中でイメージするだけで家電を「遠隔操作」できるという、まるでSF映画のようなテクノロジーだ。

こうした研究は以前から行われていたが、操作者がものすごく集中して行わないと成功しなかった。しかし、この共同研究では、脳波に加えて脳の血流も測定することにより、格別集中しない状態での遠隔操作を可能にした。成功率は84％と、従来の研究に比べてぐっと高い数字だという。

発表時には研究の成果を実演。操作者がテレビに手を向けただけで、スイッチを入れることができた。「テレビをつけたい」と思ったとき、脳波と血流は変化する。その変化の具合を見つけて、センサーに感知させるのだという。

脳の活動の変化は、計測ホルダを頭につけ、計測装置の入ったジャケットを着用して把握する。計測装置はかなり小型化しており、今後もさらにコンパクトになっていくだろう。

念じただけで家電を動かせるのだから、動きの不自由な高齢者や要介護者にとって、とても便利なシステム。将来は一般家庭でも必需システムになり、リモコンなどという機器は不要になりそうだ。

ウインクで操作する？「コンタクト型デバイス」

道を歩きながら、自転車に乗りながら、あるいは車の運転をしながら……。スマートフォンの普及に伴い、〝ながらスマホ〟による事故やトラブルが社会問題になっている。

しかし、近い将来、ウェアラブルデバイス（身につけて利用するデバイス）の進化によって、スマホを片手に歩く人はいなくなるかもしれない。はるかに簡単な仕組みのデバイスが開発され、普及されると考えられているからだ。

世界を変える可能性があるのは、コンタクトレンズタイプのデバイスだ。現在、グーグルとスイスの製薬大手ノバルティスが提携。糖尿病患者をユーザーに設定し、涙の成分を常時監視して、血糖値が異常になったらスマートフォンに即座に伝えるタイプなどの開発に取り組んでいる。

現時点では、利用者の間口はさほど広くないようにも思える。しかし、今後、飛躍的に開発が進んで、特にインターネットへの接続の仕方が驚くほど簡単になる可能性がある。

まばたきによってネットに接続し、目の前に浮かぶ文字配列を視線の動きで検索。パチッとウインクするだけでウェブサイトに移動し、パチパチッと2回まばたけば、また別の機能を使える。

遠くない将来、こんなまるでSF映画のような世界が実現するのではないか、とみられている。

まさか、目の前に映像が映し出されるなんて、視界がコンピュータのディスプレイのようになるなんて……こう思うかもしれない。

けれども、夢物語などではない。米国ワシントン大学ではかねてから、コンタクトレンズに超微小のディスプレイを埋め込む研究が進められている。しかも、すでに試作品が完成しているのだ。

ワシントン大学の研究者は、いま私たちがパソコンやスマートフォンで見ているようなインターネットの情報を、いずれはコンタクトレンズタイプのデバイスを使って映し出すことができると考えている。

簡単な文字情報や、ちょっとした画像だけが見えるのではない。データ容量の大きな映画でさえもダウンロードし、コンタクトレンズごしに鑑賞することができるのだという。

ただし、目の前の視界がすべて、インターネットの画像や映像で占められるのではなさそうだ。

感覚としては、両手をまっすぐ前に伸ばしたあたりにバーチャルな映像が映し出されるのではないか、といわれている。

レンズには膨大な情報量を扱えるハードウェアを埋め込む必要があるが、視界をほとんど邪魔することはないだろう。装着していても問題なく生活でき、つけていることに周りはおそらく気がつかない。

コンタクトレンズタイプのウェアラブルデバイスが進化すれば、インターネットとのつき合い方は劇的に変化するに違いない。

いずれ、〝ながらスマホ〟はまったく見られなくなるだろう。その代わりに、誰にともなく、やたらにウインクをする人たちが激増しているのではないか。その時代の到来は、意外なほど早いかもしれない。

空中に文字や数字が書ける、魔法のような「指輪デバイス」

空中に指をかざして動かすだけで、文字や数字が自由に書ける。富士通研究所が2015年1月、そんな魔法のようなデバイスを開発した。

このデバイスは指にはめて使うスタイルで、装着するのは右手人さし指。本体左側に操作ボタンがついており、親指で軽く押すだけで入力の切り替えができる。

ターゲットとして見込んでいるのは工事現場や工場などで働く人。こうした現場にはパソコンを持ち込みにくいため、使いやすくて機能が高いウェアラブルデバイスの開発が待たれている。

ただし、工事現場などでは作業中、手がふさがっていることが多いなどの理由で、複雑な操作が必要なものは使いづらい。指輪型なら手で持つ必要がなく、しかも操作はとても簡単だ。

この指輪デバイスのメリットは、空中で字を書けること。しかし、空中で手書き

入力操作
ボタン

するには「ひと筆書き」にならざるを得ないという大きな問題がある。この難題をクリアしないと、いくら丁寧に書いても、とても読めないグチャグチャの文字や数字になってしまう。

文字を書いているときの入力と、書き終わりから書き出しまで指を移動しているときの入力の仕方を別々にすれば解決はできるだろう。しかし、それでは作業がややこしくなるので、忙しい現場では使ってもらえない。

そこで、富士通では手書きする際の指の動きを分析し、不要な移動中の指の軌跡を削除する技術を開発。手書きした文字をちゃんと読めるレベルにすることができた。数字や小数点については、手書き入力の訓練をすることなく実験しても、約95%の確率で読めたという。

この指輪型デバイスは、富士通が２０１４年に発表した「グローブ型デバイス」の進化系。その後、わずか1年で、大幅な小型・軽量化に成功した。スマートグラスと併用すれば、カメラを起動させたり、必要な資料を見たりすることもできる。

富士通ではさらに検証し、２０１５年度中の実用化を目指している。販売時にはデザインが一層シェイプアップされ、新しい機能が追加されていることも考えられる。

握手でデータの受け渡しＯＫの「電子タトゥー」

腕時計型や指輪型、リストバンド型など、どんどん小型化されていくウェアラブルデバイス。今度は驚くなかれ、人の体の中に埋め込むタイプのデバイスが開発されている。

開発を手がけているのは、サンフランシスコのデザインスタジオ、ニューディールデザイン。歩数や消費カロリーなどを記録するワイヤレス活動量計「フィットビット」を開発して話題を呼んだことのある会社だ。

この先鋭的なデザインスタジオが次に目をつけたのは、「電子タトゥー」といわれるタイプのデバイス。「アンダースキン」というプロジェクト名で、２０１４年から５年以内の実用化を目指して開発が進められている。

この電子タトゥー、アンダースキンは手の皮膚に埋め込んで使うことを想定。装着した手で軽く触れたり、握ったりするだけで、多彩な機能を発揮できることを目指している。

たとえば、鍵をわざわざ取り出すことなく、ドアのロックを解除することができる。また、この電子タトゥーをつけている人同士なら、握手をしただけでデータの受け渡しをすることも考えられるという。仲間の間で、好きな曲や写真を一瞬で共有するといったことも可能になるのではないか。

皮膚に埋め込まれていることから、体の状態を手軽にチェックするのにも役立ちそうだ。健康に関するデータをリアルタイムで集めることにより、血圧や血糖値、心拍数といった体の状態を測る数値を、いつでも監視することができるようになるかもしれない。

操作方法が簡単になり、使い勝手が良くなれば、高血圧や糖尿病患者の間で重宝される可能性もあるだろう。

まだ開発が始まったばかりで、どういった形になるのかなどは明らかになっていない。装着していてもそれほど目立たないだろうから、抵抗なく受け入れられるかもしれない。その逆に、ファッションとして注目されるように、あえて目立つデザインになってもおもしろい。実用化されるのを楽しみに待とう。

10分後にはお腹がゴロゴロ……。「便通予測デバイス」

電車に乗っていて次の駅がまだ遠いとき、あるいは高速道路で渋滞に捕まっているときなど、急な便意に襲われて必死に我慢し、脂汗をかいたことがないだろうか。しかし、もう大丈夫。ここで紹介するウェアラブルデバイスを手に入れたら、そんな危機的状況に陥ることはなくなるだろう。

この画期的な商品は、ベンチャー企業のトリプル・ダブリュー・ジャパンが２０１５年12月出荷予定の「ディーフリー」という、万歩計ほどの大きさのデバイス。へその下に貼っておくだけで、排せつのときを事前に知ることができるという。

仕組みは超音波センサーを利用したもの。お腹の中の膀胱や前立腺、直腸の動きを観察し、それらの膨らみ方などをもとにして、排せつされるときを推測する。デバイスが察知した動きはスマホに送られ、アプリが「あと10分」「あと９分」などとはっきり教えてくれるそうだ。

開発に当たっては、東北大学の教授などがアドバイザーを務めたというから、ちゃんと医学的な裏づけもあるようだ。

このデバイスに対する世間の反応はさまざま。商品を紹介したあるウェブサイトには「かなり真面目な話なんだが、ギャグにしか聞こえない」「お下品ジョークグッズかと思ったら、ものすごく画期的で実用的な話だった」「冗談抜きに神がかったデバイスでは」などの声が寄せられた。

お腹をこわしやすい人の中には、ぜひ買ってみたいと思う人もいるだろう。アプリではカレンダーに便通を記録することができるので、日頃お通じの良くない女性の興味をひくかもしれない。

実際には、介護の現場でとても重宝されるのではないか、という見方もある。介護の現場では、1人の介護士が大勢の要介護者をみることが多い。便が漏れると対応に手間がかかるので、便通が事前にわかるのはとてもありがたい。認知症の家族の介護をしている家庭でも利用価値がありそうだ。

気になる価格は、現在の設定では2万3000円程度だが、実際の販売時には半額以下まで下がる可能性もあるという。

災害救助や爆発物探知に活躍、ベストタイプの「犬用デバイス」

現在、開発が急速に進んでいる「ウェアラブルデバイス」。身につけて、ＩＴ時代の進歩を肌で感じることができるのは人間だけではない。近年、犬専用のウェアラブルデバイスも開発されるようになっている。

研究開発を行っているのは、米国ジョージア工科大学の「ＦＯＤＯ」（介護犬や救助犬など、いわゆる「職業犬」とのコミュニケーションの促進）に関するプロジェクトチームだ。

同チームが発表したのは、センサーとマイクロプロセッサを内蔵した犬用ベストとマウスピース。犬がこのベストを装着して、体を揺すったり、マウスピースを噛んだりすると、かたわらにいる調教師がつけているヘッドフォンやグーグルグラスに、その音や映像などが伝わる仕組みになっている。

このシステムが実用化された場合、まず考えられるのは「盲導犬」の装着だろう。

たとえば、前に障害物があったとき、利用者の耳に音としても伝えることができたら、より安全で効果的に誘導することができる。

もっと緊迫したシーンでも利用可能だ。たとえば、「爆発物探知犬」が身につけると、発見した爆弾を撮影し、映像を送信することができるようになるという。人間は危険のない位置でその映像を見て、どのような爆弾が使われているのかなどをチェック。よりスピーディーで安全な処理が行えるようになる。

地震のときなどに活躍する「災害救助犬」が装着すれば、搭載されたGPSによって、がれきの中に閉じ込められた人の場所が正確にわかる。救助すべき人を見つけたとき、犬が簡単な操作をすることによって、「911緊急通報」(日本の119番)にダイヤルすることもできるという。

緊急な治療を必要とする人を見つける「医療アラート犬」なども、この犬用ベストを装着すると、得られるメリットは大きい。発見後、素早く通報できるので、多くの患者により良い治療を行うことができそうだ。

どんどん進化するウェアラブルデバイス。身につけて仕事をするようになるのは、人よりもこうした職業犬のほうが早いかもしれない。

第3章

実用寸前！最先端の「医療」が人類の夢を叶える

気泡を高速噴射するだけの痛くない「針なし注射器」

病院嫌いの人は意外に多い。その理由として、間違いなく上位に入りそうなのが「注射が怖い」ということだろう。しかし、ごく近い将来、注射のときにチクッとするというのは昔話になるかもしれない。

「痛くない注射器」を目指した針なし注射器は以前からあった。患者が自分で注射するために開発されたもので、針の代わりに機器の先端に開いている微小な穴から、バネの力によって薬液を高圧で噴射。皮膚の表面を貫いて投与するという、アイデアものの注射器だ。

この従来の針なし注射器も、針がないために抵抗感が少なくてすむなどのメリットはある。しかし、多少の痛みを感じるほか、高圧で吹きつけることによって神経などを痛める恐れもあった。

そこで、芝浦工業大学が2012年に発表したのが、本当に痛くなく、神経を傷つけることもない針なし注射器「マイクロバブルインジェクションメス」だ。

電圧をかけることによって、マイクロレベル（1000分の1㎜）単位の気泡を高速発射。その破壊力によって細胞をほんの少し切開し、薬剤はもちろん、遺伝子も細胞内に届けることができる。

この針なし注射器は画期的なものだったが、液体の中でしか使えないという大きな欠点を持っていた。

そこで、芝浦工業大学では改良を重ね、気泡を発する部分と細胞の密着性を向上させることに成功。2014年に、空気中でも使える新タイプの「マイクロバブルインジェクションメス」を発表した。

この新型針なし注射は、細胞手術をはじめとする、医師の熟練技術が必要な高度医療にも対応。あらゆる固さの細胞に薬剤や遺伝子を打ち込めるので、医師の技術レベルがどうあろうと、的確な処置を行うことができる。

今後は企業とも連携して、実用化に向けて取り組んでいくとのことだ。高度医療のみならず、一般医療機関のホームドクターにも普及するようになれば、注射が怖いという人はいなくなりそうだ。

がん細胞だけを狙い撃ち、核反応で破壊する新療法「BNCT」

がんの治療方法には、基本的に「手術療法」「化学療法（抗がん剤）」「放射線療法」の3つがある。いずれも近年、大いに進歩しており、「がん＝不治の病」というイメージは大分薄まってきた。

中でも近年、技術の進歩が著しいのが、がん細胞そのものを死滅させる放射線療法だ。しかし、この方法にはデメリットがある。放射線の影響により、がん細胞ではない部分もダメージを受けるのだ。

この欠点をカバーする放射線療法として注目されているのが「ホウ素中性子補足療法（BNCT）」。治療効果の高さに加えて、通常のような副作用がはるかに少ないのが大きなメリットだ。

なぜ、BNCTは副作用が少ないのか。まず、一般的な放射線療法の仕組みを見てみよう。通常の治療では、がんになっている部分にエックス線やガンマ線をかけ、がん細胞を死滅させることを目指す。

ところが、がん細胞は1カ所にまとまっているわけではない。正常な細胞に混じって、かなり広い範囲に点在していることも多いのだ。

強力な治療効果をあげようと思えば、広い範囲に放射線をかける必要がある。しかし、そうすると、がん細胞と一緒に正常な細胞もダメージを受けてしまう……。これまでの一般的な放射線療法では、このジレンマから逃れられない。放射線ががん細胞に対して強力な効果があることはわかっていても、やみくもに使うわけにはいかないのだ。

では、BNCTはどのような治療なのか。ひと言でいえば、がん細胞に取り込まれやすいという「ホウ素」の特性を利用した放射線療法だ。ホウ素は身近な生活用品にも使われている物質で、うがい薬などにも含まれている。

まず、ホウ素を点滴によって体に注入。すると、ホウ素はがん細胞に取り込まれていく。一方、正常細胞に取り込まれることはない。

がん細胞がホウ素を取り込んだことを確認したうえで、低エネルギーの中性子線をがんの部分に照射する。

正常な細胞は、中性子線に当たってもそれほど大きなダメージは受けない。しかし、ホウ素を取り込んだがん細胞は違う。細胞の内部で、ホウ素が中性子線と出合うと核分裂反応を起こし、アルファ線が発生するのだ。

アルファ線が細胞に与える効果は、エックス線やガンマ線の2～3倍もある。非常に強力な細胞殺傷力を持っているが、影響を及ぼす距離は細胞1個分の長さしかない。このため、アルファ線はがん細胞のみを破壊し、周辺にある正常な細胞にはダメージを与えない。これがBNCTの治療のメカニズムだ。

BNCTの原理が考え出されたのは、中性子が発見された4年後の1936年。しかし、中性子線やホウ素の質の悪さなどから、研究はなかなか進まなかった。

近年になって、中性子線を発生させる小型加速器などが開発されたことから、BNCTの研究は進歩。京都大学原子炉実験所では2012年から、世界で初めて、加速器を使ったBNCTによる脳腫瘍の治験が行われている。

がん細胞だけを破壊するのに加えて、効果が大きく1～2回の治療ですむこと、治療が難しい脳腫瘍などにも有効なことなど、メリット大のBNCT。まだ臨床研究の段階だが、近い将来、がん治療の切り札のひとつになるのではと期待されている。

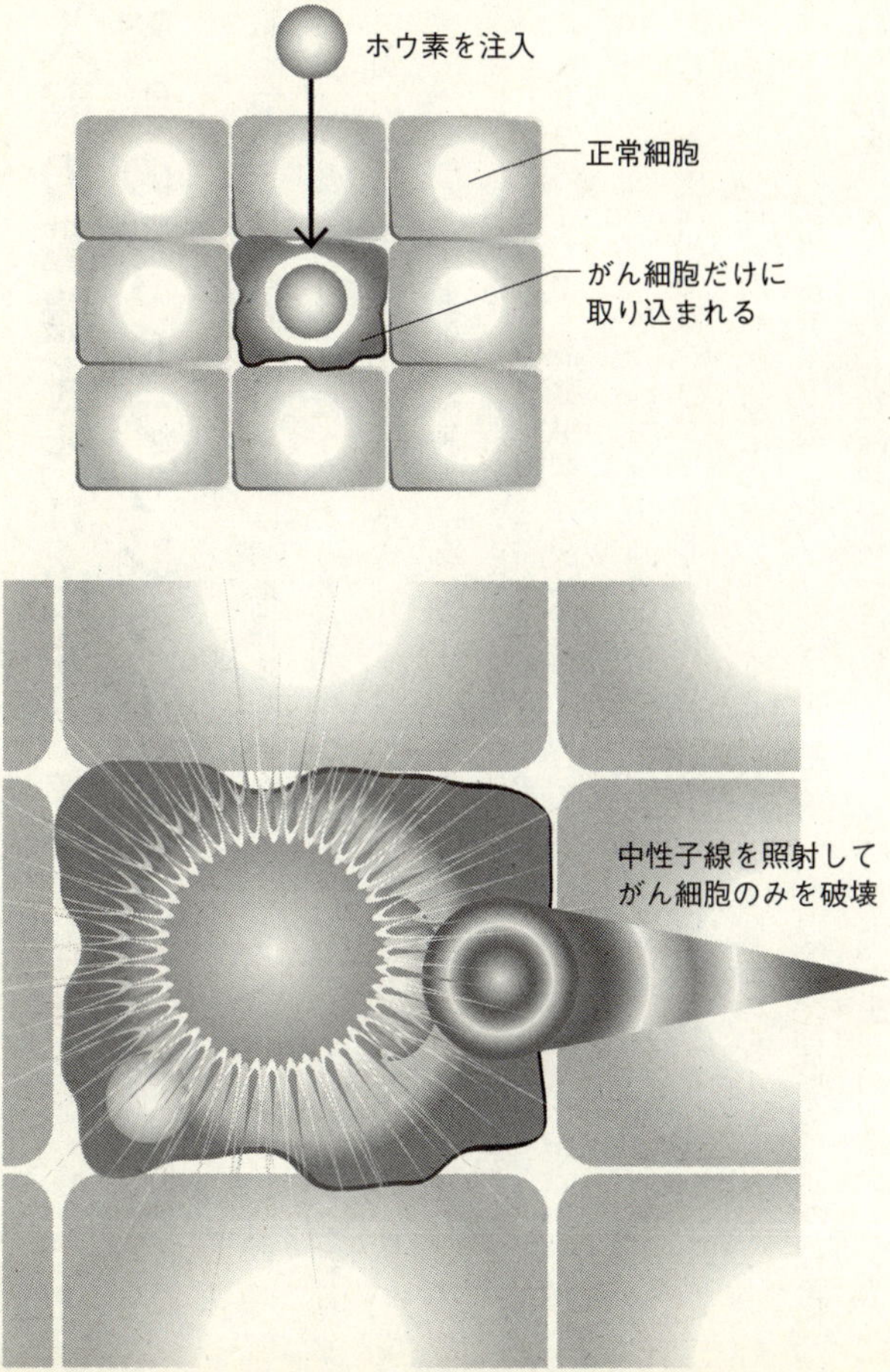
ホウ素を注入
正常細胞
がん細胞だけに
取り込まれる
中性子線を照射して
がん細胞のみを破壊

人間の臓器を作り出す、驚異の「3Dプリンター」

臓器移植を待ち望んでいる人は、世界に約10万人もいるといわれる。しかし、現実に移植を受けられるのは、そのうちのわずか2％弱に過ぎない。しかも、移植までにかかる年月は平均16年にも及ぶ。

将来、この臓器不足の解決策になるのではないかと、いま大いに注目されているのが「3Dプリンター」。臓器を立体的に〝印刷〟するという驚くべき技術に、世界中の大学やベンチャー企業が本気で取り組んでいる。

もちろん、現時点で本物の心臓や肝臓が作り出されているわけではない。しかし、すでに医療の現場では3Dプリンターで作られたものが活用されている。

そうした〝印刷物〟のひとつは、手術が必要な患者の臓器の模型だ。患者本人のCTスキャンによるデータなどをプリンターに入力し、血管の位置まで正確に再現。この模型を手術室に持ち込み、本物では見えない部分にある患部の位置などを確認しながら手術する。

また、単なる模型ではなく、体が拒否反応を起こさないような材料を使って、人工骨を作ることにも成功している。そう遠くない将来、体に人工骨を埋め込む手術がごく普通に行われている可能性は高い。

技術的に難しいのは、本物の細胞などを使って体の一部分を作ることだ。とはいえ、この分野でも皮膚や角膜、心臓弁、軟骨など、複雑な構造をしていない薄いものを作ることには成功している。

複雑な臓器に関しては、人の肝臓の組織の一部を使って、幅4㎜、厚さ0・5㎜という超ミニチュアの肝臓が作られている。実際の肝臓と同じ機能を持っていることから、薬に対する反応を探ることなどに利用できるという。

ごく近い将来には、臓器不全に陥った患者自らの組織を使って、新しい健康な組織を作製。患部に貼りつけ、弱った機能を修復する治療が行われるとみられている。さらにiPS細胞（人工多機能肝細胞）とリンクした研究も盛んになるだろう。

近年、医療用3Dプリンターの開発スピードは目覚ましい。現時点で考えられているよりも、はるかに速く研究が進んでいく可能性もある。

副作用の心配がまるでない、世界初の「人工血液」

「血液が足りません」「献血をお願いします」

献血ルームや献血バスでは連日、このようにアピールしている。自分には関係ないと聞きながす人も多いようだが、これは本当に切実な訴えなのだ。

将来的に見ると、血液は明らかに不足する。日本赤十字社によると、少子高齢化がこのまま進むと、2027年には年間約100万人の血液が足りなくなるという。大規模災害などが発生すれば、需要と供給の差はさらに大きくなる。

こうした状況のもと、医療の世界で待ち望まれているのが「人工血液」の開発だ。血液型に関係なく、誰にでも使えて、長期保存もできる。そんな人工血液ができれば、利用価値は計り知れない。

研究者たちは半世紀ほど前から、人工血液の製造に挑戦し続けてきた。しかし、いまだ実用化にはいたっていない。

これまでに開発された人工血液はいくつもある。たとえば、「白い血液」といわれた、まるで牛乳のような「パーフルオロカーボン乳剤」はかなり注目された。また、酸素を運搬するヘモグロビンを利用した「修飾ヘモグロビン製剤」なども、いよいよ本物の人工血液の誕生かと期待された。

しかし、これらの人工血液を実際に使うわけにはいかなかった。大きな問題のひとつは、ヘモグロビンが血管の中で安定せず、やがて血管外に染み出してしまうことだ。その結果、血管収縮が起こり、血圧が上昇するという副作用を抑えることができなかった。

ヘモグロビンのトラブルは、血液中では本来、単体でいるわけではなく、赤血球に包まれて存在していることから来ていた。このため、ヘモグロビンをそのままの形で人工血液に加えても、うまく機能しなかったのだ。

強く望まれているにもかかわらず、なかなか完成形に近づけない人工血液だったが、ようやく2014年、これまでにない斬新なものが発表された。

開発したのは中央大学。血液中のたんぱく質で最も多い「アルブミン」を利用したものだ。アルブミンは血清（血液の上澄み部分）100mlに5gほども含まれており、主に血液を血管内にとどめる役割を担っている。中央大学ではこの性質に着目し、アルブミンをヘモグロビンに結合させる実験を進めた。

2年間の実験の末に作り出されたのが、ひとつのヘモグロビンの周りに、3つのアルブミンがくっついたクラスター（ブドウの房のような形のもの）。研究室ではこれを「ヘモアクト（HemoAct）」と命名した。

ラットに投与して実験すると、従来の人工血液のような副作用は見られなかった。ヘモグロビンがアルブミンに覆われているため、うまく血液中にとどめることができたと考えられている。

ヘモアクトには安全性に加えて、ほかにも長所がある。ひとつは極めて小さなことだ。約8nm（ナノメートル）と赤血球の1000分の1しかないので、脳梗塞患者などの血管が詰まった部分にも酸素を運べる可能性がある。また、製造が簡単で、コストを抑えることができるのも大きなメリットだ。室温で長期保存が可能なので、災害時に大量に必要になったときには大いに活用できるだろう。

血液不足の現状を変える救世主になるかもしれないヘモアクト。人類が手にする初の人工血液を目指して、さらに研究が進められている。

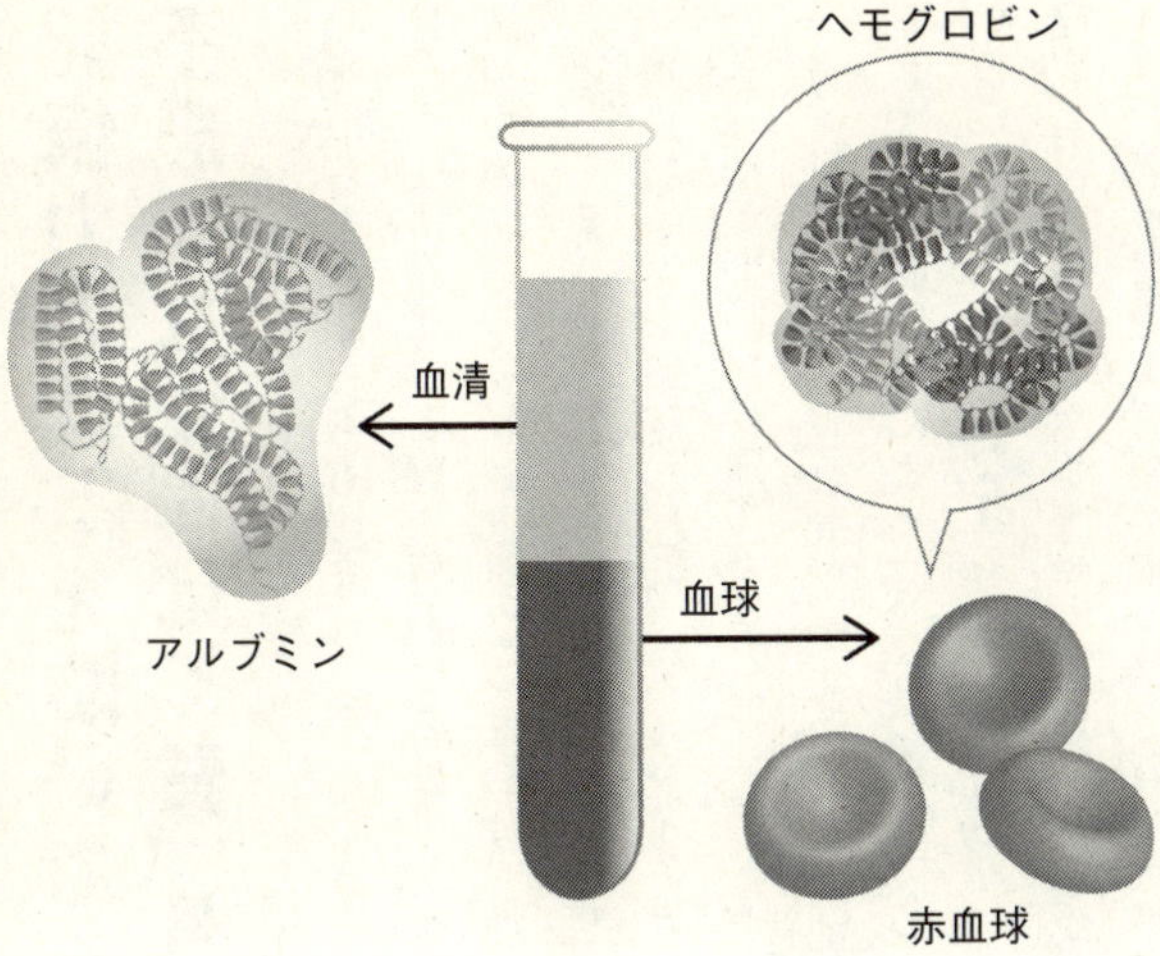
ヘモグロビン
血清
血球
アルブミン
赤血球

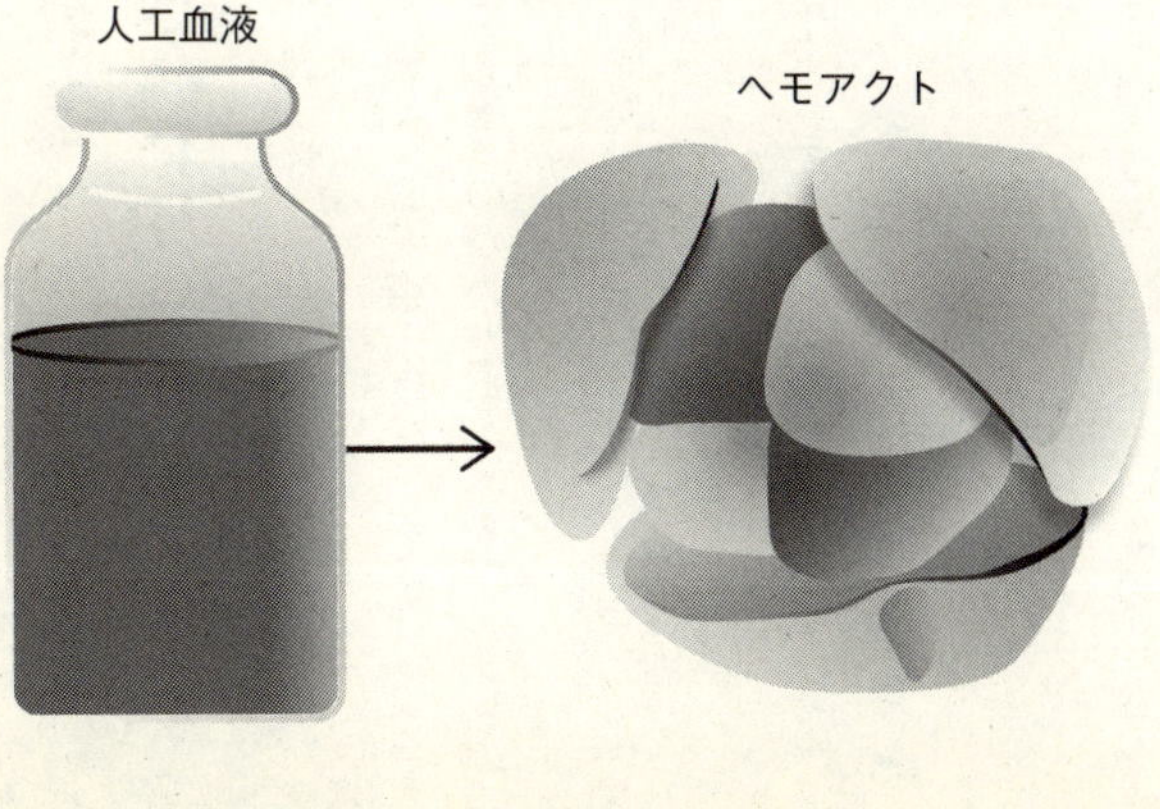
人工血液
ヘモアクト

記憶力の低下を防いでくれる不思議なたんぱく質「RbAp48」

年を取ると、誰でももの忘れをするようになる。家族からは「まあ、年を取っただけ。大丈夫だよ」と軽く言われるかもしれない。しかし、本人にとってはけっこう深刻な問題だ。忘れっぽくなったのは、加齢によるものなのだろうか？　もしかすると、アルツハイマー型認知症の初期症状ではないだろうか？

アルツハイマー型認知症は「アミロイドβ」と呼ばれるたんぱく質が脳にたまっていき、やがて脳が委縮することによって起こる。

一方、単純なもの忘れは、多くの場合、加齢による老化現象だといわれていた。しかし、近年の研究によって、もの忘れについても、ある種のたんぱく質が関連していることが明らかになりつつある。

発表したのはノーベル医学・生理学賞を受賞した、米国コロンビア大学のエリック・カンデル教授の研究グループ。脳疾患が死亡原因ではない33歳〜89歳の18人の脳細胞を調べたところ、記憶をつかさどる脳の領域「海馬《かいば》」において、「RbAp48」というたんぱく質の量が、加齢に伴って次第に減っていたというのだ。

研究グループはネズミを使った実験で、この気になるたんぱく質と老化の関連性を検証。遺伝子操作をすることによって、ネズミの脳の内部で「RbAp48」の量を増やしたらどうなるかを実験した。

その結果、生後15カ月のネズミの記憶力が、生後3カ月ほどのまだ若いネズミと同じ程度にまで回復した。人間にたとえると、おじいさんが孫の高校生のような記憶力を身につけた、といった感じだろうか。

このネズミで行われた実験の結果が、人間にそのまま当てはまるかどうかは現時点ではわからない。研究グループも、まだ結論づけてはおらず、さらに研究を続ける必要があるとしている。

人間の記憶力に関する「RbAp48」の働きが明らかになると、年を取ることによる記憶力の衰えを抑えられる可能性がある。数十年後には、「もの忘れ」という言葉が死語になっているのではないだろうか。

親知らずの幹細胞を移植し、「歯の神経」を再生

虫歯が軽いうちは、歯に詰めものや被せものをするだけですむ。しかし、ひどく悪化した場合、歯の神経（歯髄《しずい》）を抜かなければならない。こうなると、洗浄や修復などが複雑になるので、治療にかかる費用も大きくなる。

神経を抜いた後も、十分注意しなければならない。再び虫歯になっても痛みを感じないため、どうしても治療が遅れがちになってしまう。歯髄を抜いてしまうと、10年後には抜歯することになるとまでいわれるほどだ。

歯の神経を抜くというのは、じつは大変なことなのだ。しかし、近年の歯科医療の進歩は目覚ましい。国立長寿医療研究センターと愛知学院大学の共同研究により、近い将来、歯の神経を抜いた後の治療法がまるっきり変わってしまうかもしれない。

研究のテーマは、歯の神経を再生すること。日本ではこれまでに臨床研究されたことがなかった画期的なものだ。

いまの治療では、歯の神経を抜いた後、そこにできた空洞に薬を注入してふさぐようにする。

一方、この研究が目指している新しい治療法では、薬は注入しない。その代わりに、別の歯から取り出した神経の幹細胞を移植するのだ。

まず、親知らずなどのなくてもかまわない歯を抜いて、その中にある神経から幹細胞を取り出す。その幹細胞はすぐには移植しないで、６週間培養することによって数を増やす。

そのうえで、歯の神経を抜いた空洞の中に幹細胞を移植。幹細胞だけではなく、再生を促すために、薬剤やコラーゲンなども注入する。その後、空いている穴の表面をセメントなどでふさぐ。

こうして移植した後、約１カ月で歯の神経はほぼ再生する。歯の神経だけではなく、象牙質も再生できるという。研究はイヌを使った動物実験で実施され、問題なく再生させることができた。

この研究が発表されたのは２０１２年で、その後、効果と安全性などを確認するための臨床研究が行われている。

すでに射程圏内に来ている夢の治療「歯の完全再生」

現在の歯科医療では、残念ながら、一度削った虫歯を元通りに再生することはできない。歯の再生が可能になれば、歯科医療は劇的に変わるはずだ。歯科医療に携わる研究者たちの長年の夢、歯の再生に関する研究は、現時点でどの程度まで進んでいるのだろうか。

じつは、マウスを使った動物実験では、歯の再生はすでに成功している。世界で初めて成功した研究で再生に使われたのは、マウスの胎児の「歯胚《しはい》」と呼ばれる細胞だ。歯胚とは、歯と歯周組織の元になる細胞の集まりのこと。この段階ではまだ軟らかいが、成長して歯になると石灰化して硬くなる。

この歯胚を胎児から取り出し、寒天状のコラーゲンの中で培養して人工歯胚を作製する。これをマウスの上の奥歯を抜いた跡に移植。人口歯胚は血液から栄養や養分を供給されて成長していく。

２００９年に東京理科大学が行った実験では、移植後１カ月余りで再生を始め、２カ月弱で上の歯と噛み合わせができるまでに成長した。実験室ではすでに、歯の再生はできることが証明されているのだ。

しかし、この研究をそのまま実用化できるわけではない。実験で使った歯胚は胎児のものなので、実際に人で行うには倫理上の問題が大き過ぎる。また、実験のように本人以外の歯胚を移植すると、間違いなく拒絶反応が起きるだろう。

これらの問題を解決する方法として、動物の体内で歯の再生を施さず、シャーレの中で培養する実験も行われている。

２０１１年に日本歯科大学の研究では、赤ちゃんマウスの歯冠《しかん》（見えている部分の歯）を使用。特殊な培養液などを使って培養すると、歯根（歯茎に埋もれている部分の歯）や歯周組織を再生することができた。

この研究がさらに進めば、シャーレの中で歯の構造すべてを再生できるようになるはずだ。日本歯科大学の研究室では、そのときが来るのはそれほど遠くないと見ている。一生、自分の歯（プラス、自分の歯から再生した歯）を使って食事ができる日は、意外なほど近いかもしれない。

米軍が開発した仰天止血法、負傷部への「発泡体」大量注入

戦場で負傷した場合、1時間以内に医療機関に移動させよ――。米国防総省では、この考えを治療の標準としてうたっている。

特に腹部を負傷して内臓が傷つけば、できるだけ早く治療しないと、当然、死にいたる可能性が高くなる。

しかし、戦争は通常、高度な医療のできる病院の近くでは行われない。冒頭の考えを実践するのは、現実的には難しいのではないか。多くの場合、腹腔に穴が開くと、内臓の出血や内出血などにより、医療機関に到着する前に命を失うだろう。

そこで、米国防総省の機関、国防高等研究計画局（DARPA）では、負傷者の死を防ぐための応急処置として、2010年よりこれまでにない方法を試している。

目的は、とにかく止血。そこで、腹部を大きく負傷した兵士の腹腔内に、特殊な発泡体ベースのポリウレタンポリマーを大量に注入。ブクブクした泡のようなもの

で傷口をすべて覆って、出血を抑えるというものだ。

DARPAでは、致命的な肝臓損傷を受けた負傷者に対して、臨床試験を実施。負傷したのち、3時間以内に発泡体を投入する応急処置を施したところ、生存率は72％を記録したという。

一方、同じような損傷で処理を行わなかった場合、生存率ははるかに低くて8％しかなかった。このふたつの数字を見る限り、最前線でできる応急処置としては、相当な効果があるといえそうだ。

内臓からの出血をただちに防ぐ方法は、戦場ではほかにない。この発泡体を使うことによって、生存可能な兵士のうち、最大50％の命を助けることができると、DARPAは考えている。

腹腔内を泡が満たしていることから、その後の治療が難しそうな気もするが、そうではないという。医療機関で適切に処置をすれば、1分もあれば泡を取り除くことができるとのことだ。

いまは戦場での使用を前提に研究されている個性的な応急処置。方法が確立されれば、災害や事故現場などで応用できるようになる可能性がある。

不老不死の時代に導く若返りの決め手「テロメア」

「テロメア」をご存じだろうか？　ギリシャ語で「末端」を意味する言葉で、細胞の染色体の両端にある構造のことを指す。このテロメアが老化や寿命に深く関わっているとして、近年、非常に注目されている。

細胞分裂が行われるたびに、テロメアは少しずつ短くなっていく。そして、ある限界まで短くなると、細胞分裂ができなくなってしまう。

この性質から、テロメアは「細胞分裂の回数券」ともいわれる。バスに乗るたび（細胞分裂するたび）に券を1枚ずつ失っていき、最後の1枚がなくなれば、もうバスに乗る（細胞分裂する）ことはできないのだ。人の細胞の場合、50～70回分裂すると、それ以上は分裂できなくなってしまう。

1996年、世界で初めて誕生したクローン羊、ドリーがわずか6歳で死んだ理由も、このテロメアと深く関係していた。ドリーは6歳の羊の細胞から作られたクローン。このため、誕生したときに持っていたテロメアは、本来、6歳の羊にあるすでに短いものだったと考えられるのだ。

生物の寿命を決めるのはテロメアだけではないとされている。しかし、テロメアが寿命を決める大きな要因のひとつであることは間違いない。

では、テロメアを長くすることができれば、寿命を伸ばすことができるのではないか。あるいは、若返りができるという証明になるのではないか。近年、こうした考えから盛んに研究が行われている。

テロメアに関する研究で注目すべきもののひとつが、2015年、米国スタンフォード大学が発表した報告だ。

研究はテロメアを伸ばす働きを持つ酵素「テロメラーゼ」に着目し、その能力を強くすることに成功した。この操作によって、実験後の1~2日間でテロメアは急激に伸びたという。伸びた長さを細胞分裂の回数に置き換えると、分裂22回分にもなった。

実際に「若返り」に利用するには、まだ時間がかかりそうだが、実験室で「細胞分裂の回数券」を増やすことに成功したことは間違いない。

若返りといえば、健康以上に美容についても気になる人は多そうだ。この美容に関しても、テロメアが重要な役割を果たした研究があるので紹介しよう。

化粧品大手のコーセーがｉＰＳ細胞を使い、テロメアを若返りの指標にしたものだ。１９８０年以降、同一人物から30年間にわたって定期的に皮膚細胞の提供を受けて行われた研究で、２０１４年に発表された。

ｉＰＳ細胞は、細胞に遺伝子などの特定因子を加えて培養することで、元々の分化した細胞を未分化の多能性幹細胞にすることができる。ひと言でいえば、細胞を〝初期化〟することができるわけだ。

この研究では、段階的に老化していった各年代の皮膚で実験。それぞれの皮膚細胞を初期化していき、老化の指標となるテロメアの長さを比較した。

その結果、年を重ねるにつれて短くなるはずのテロメアが、初期化された皮膚では30歳代から60歳代まで、すべての年代で回復して長くなっていた。つまり、若返りが可能であることが証明されたことになる。

古くから人類の夢であった若返り、さらにはその先にある不老不死。これらの実現に向けて、今後、テロメアが大きなカギになっていくだろう。

第4章

実用寸前！本当に役立つ「ロボット」が続々誕生する

がん患部まで一直線に泳ぎ、薬を浴びせる「分子ロボット」

目には見えない大きさの「ロボット」が人間の体内に入り、血液中を泳いで移動し、がん細胞を見つけてやっつける！　こんな昔あったSF映画のような世界が、もうすぐ実現しようとしている。

このロボットは「分子ロボット」、または「ナノマシン」と呼ばれる。名前からすれば、電子回路を組み込まれた超小型機械のように思えるが、実際にはDNAやたんぱく質、脂肪など、細胞とほぼ同じ生体分子で作られる。

機械の体をしていないにも関わらず、分子ロボットは体内で、人間に指令された通りの動きをする。機械工学的に作られたロボットの場合、事前にプログラミングすることによって動く。なぜ分子ロボットは、人間が動きをコントロールすることができるのだろうか？

じつは、分子ロボットの動きを思うがままに制御できるのは、「生命の設計図」ともいわれるDNAにプログラムを書き込んでいるからだ。近年、「DNAナノテクノロジー」といって、DNAの構造を自由に加工、合成する研究が飛躍的に進んでいる。分子ロボットはこの技術を利用して開発された。

たとえば、抗がん剤を包んだカプセルタイプの分子ロボットを作り、DNAにこう書き込んでおくとしよう。

このカプセルの中には薬を閉じ込めておく。カプセルにはふたがついていて、鍵がかけられているから、薬が外に出ることはない。しかし、体内でがん細胞に出合うと、その細胞の表面にある特殊なたんぱく質に反応し、閉じられていたふたが開く。そして、がん細胞に薬をふりかける——。

分子ロボットは血管内に入ると、血液中を泳ぐように移動。がんに侵されている部分にたどり着くと、プログラミング通りに治療する。この方法を使うと、がんを治療するうえで大きな障害となる副作用の恐れがない。効率良く、しかも安全な治療をすることができるのだ。

分子ロボットの試作品はすでに完成。臨床試験が着々と行われ、「新薬」として実用化が間近になっている。

蹴られても倒れない、頑丈な「犬型ロボット」

「犬型ロボット」と聞けば、随分前に話題になった、あの「ＡＩＢＯ《アイボ》」を連想する人が多いのではないか。

「ＡＩＢＯ」は1999年、ソニーが販売したペットロボット。子犬に似た丸っこい体で4足歩行をし、飼い主（ユーザー）とふれ合いながら成長していく。25万円という高額商品ながら、発売当初、3000台がわずか25分で売り切れになった。その後も販売を重ね、2006年までに15万台以上を売り上げた。

愛らしいＡＩＢＯは、いかにも日本的な犬型ロボットだった。生産中止になった後も、多くの飼い主はＡＩＢＯを愛し、手放さない。バッテリー切れや故障などの際には、ソニーの元エンジニアを中心とする有志が修理を請け負っているという。

このＡＩＢＯとは対照的なニュータイプの犬型ロボット「Ｓｐｏｔ《スポット》」が、2015年2月に発表された。開発したのはグーグル傘下のロボット開発ベンチャ

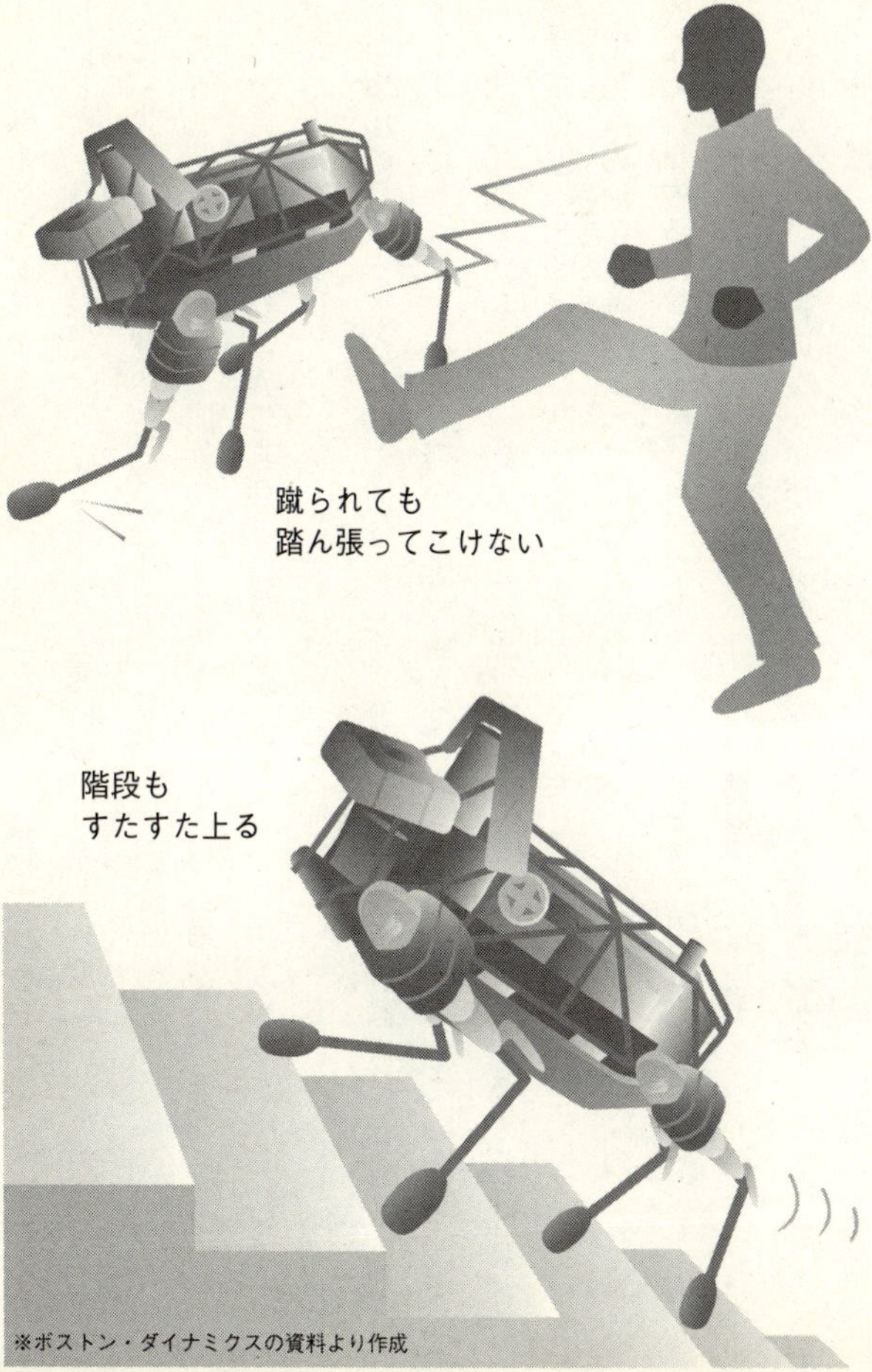
蹴られても
踏ん張ってこけない
階段も
すたすた上る
※ボストン・ダイナミクスの資料より作成

ー、ボストン・ダイナミクス。同社はこれまで、戦場で兵士をサポートすることを目指した「ＢＩＧＤＯＧ《ビッグドッグ》」、段差をスムーズに駆け上がる人型ロボット「ＡＴＬＡＳ《アトラス》」など、個性的なロボットを開発してきた。

Ｓｐｏｔは体重73kg。同社のラインナップの中では小型だが、それでもシェパードほどはある。外見はＡＩＢＯとはまったく異なり、骨組みがむき出しになったいかつい造りで、顔もない。

軍事用のロボットが得意の同社らしく、ＳｐｏｔのPR動画もけっこう荒っぽいイメージで作られている。軽快な脚の動きでちょっと優雅に歩いていると、突然現れた男に横腹を思いっ切り蹴られるのだ。Ｓｐｏｔは少しよろけるが、すぐに体勢を立て直し、何ごともなかったかのように歩き続ける。

電動系の油圧駆動によって、動きはなかなかスムーズ。坂道や階段の上り下りも難なくこなすことができる。もっとも、一緒に散歩する気にはならない。

このＳｐｏｔ、さらに開発が進められたら、警察犬や軍用犬として採用されるのかもしれない。感情のないロボット警察犬が、逃亡者を地の果てまでも追跡していく……。こうした映画『ターミネーター』のような世界がもうすぐやって来る。

ベッドに寝ている人を優しく抱える「介護ロボット」

未来技術の中でも、ロボットの開発は日本の「お家芸」といえる分野だ。産業用ロボットについては以前から世界一の技術を誇り、ほかの分野でも目覚ましい開発が行われている。ここでは介護・福祉用のロボットについて紹介しよう。

介護・福祉用ロボットの代表は1997年、筑波大学の山海嘉之《さんかいよしゆき》教授が開発した「ロボットスーツHAL《ハル》」だ。

人間は体を動かすとき、微弱な信号を発する。「HAL」はその信号をセンサーで読み取って認識し、人の動きをアシスト。この仕組みによって、「HAL」を身につけた人は、普段よりもずっと大きな力を出すことができる。

「HAL」には医療用、自立支援用ほか、いろいろなタイプがある。介護支援用は「腰タイプ」と呼ばれ、介護者が悩まされる腰部にかかる負担を大きく軽減できる。

「HAL」はすでに実用化されており、介護・福祉の現場で活躍している。2014

年には作業者・介護者向けの装着型ロボットしては、世界で初めて、国際安全規格の「ＩＳＯ１３４８２」の認証も取得した。

　実用化が間近となっている介護・福祉用ロボットとしては、理化学研究所と住友理工が共同開発し、２０１５年2月に発表した「ＲＯＢＥＡＲ《ロベア》」が注目されている。「ＲＯＢＥＡＲ」は２００９年から共同開発されてきたロボットの新タイプ。両社は当初から、人間のような両腕を持つロボットの開発にこだわってきた。目指すのは、2本の腕を使った柔らかな介護。「ベッドから抱き上げる」「床から抱き上げる」「ベッドから車椅子に移動する」など、介護の現場でよく見られ、しかも大変な重労働である動きを可能にしている。

　旧タイプと比べて、重量を約２３０kgから約１４０kgへと大幅な軽量化に成功。ギアも改良し、各関節の回転速度を2・5～10倍、精度については4～30倍も高めることができた。名前に「ＢＥＡＲ」とある通り、見た目はまさに「クマ」型ロボット。介護される人も、思わず笑顔がこぼれそうだ。

　この「ＲＯＢＥＡＲ」はまだ完成形ではなく、今後も研究が続けられる。次に発表されるときは、さらに性能が向上していることだろう。

※サイバーダイン、
理化学研究所の資料より作成

人工衛星から位置情報を得て自動走行する「ロボット農機」

日本の農業はいま、高齢化や後継者不足などの大きな問題に直面している。このままでは農家の数が激減し、食糧自給率はさらに低下するとともに、緑豊かな田園地帯が草ぼうぼうの耕作放棄地だらけになってしまいそうだ。

この危機的状況から抜け出すため、農業の効率化や大規模化の必要性が叫ばれている。こうした中、農業を救う新技術として、着々と研究が進められているのが農業機械のロボット化だ。

実用化が間近になっている「ロボット農機」のひとつが、畑の中を自動走行し、肥料や農薬をまくこともできるトラクター。北海道大学や日立製作所などが実現を目指して研究開発を行っている。

トラクターの自動走行を可能にするのは、宇宙航空研究開発機構（ＪＡＸＡ）が２０１０年に打ち上げた準天頂衛星「みちびき」だ。

「みちびき」は日本のほぼ天頂（真上）を通る軌道を持つ。真上から高精度測位を行うため、山やビルの谷間など、地理的条件が悪い場所でも正しい位置情報を得ることができる。

トラクターの自動走行は、この「みちびき」の測位信号を利用したものだ。走るコースや行う作業などを、トラクターの制御コンピュータにプログラミング。トラクターは測位信号によって、自分の正しい位置を認識しながら、プログラミングされた通りに動く。

農機をロボット化するに当たっては、特に安全性に注意しなければならない。実用化した当初は、まだ100％安全とは言い切れないため、無人運転する農機の後ろを、人が乗った別の農機が追随。人の目で安全を確認しながら、2台で別々の農作業をする方法がベターだという。

さらに技術開発が進めば、農場で複数のロボット農機が働き、その様子を事務所にいる人がモニターで遠隔監視。人が農場に出るのは、肥料や農薬の補給にいくときだけ——。そんな時代がやって来そうだ。

農機をロボットとして使うには、予算はいくらかかるのだろうか？　北海道大学の試算によると、受信機を含めたロボットナビゲーションシステムは、試作品で1セット約300万円だとか。現段階でも、目が飛び出るほどの高額ではない。本格的に実用化されて生産量が増えれば、価格はもっと安くなるだろう。

日立らが2014年に行った実証実験では、自動運転の誤差をわずか5㎝にまで縮めることができた。システム自体はすでに完成に近づいているのだ。

問題は「みちびき」がまだ1基しかないこと。「みちびき」は日本とオーストラリアの間の上空を「8の字」を描きながら軌道しており、現状では、日本上空には1日のうち8時間しかいない。

常に位置情報を知るためには、最低でも3基、バックアップを考えると4基を飛ばす必要がある。

その環境が整うのは、それほど遠くの未来ではない。JAXAの計画では、2016年から2017年にかけて、3基の準天頂衛星を打ち上げる予定になっている。最終的には7基になるというから、極めて高い精度の情報を得られるはずだ。

トラクターがロボット運転によって畑や水田を駆け回る。かっこいいハイテク農業の時代になれば、農家の後継者も増えるのではないだろうか。

手間の多い有機農業もOK。コツコツ働く「農作業ロボット」

　自動車工場や電気機器工場などでは、すでに工業用ロボットが大活躍している。一見、IT化とはかけ離れた世界のように見える農業についても、いずれはロボットが主役になりそうだ。

　しかし、ひと言で農業といっても、ジャガイモなどの同じ作物を大量に栽培する大規模農業から、雑草を1本1本手で引き抜き、虫を1匹1匹つまみ取る環境保全型農業までいろいろなスタイルがある。

　ロボットの出番があるのは、規模の大きな農業だけではないか？　こう思われるかもしれないが、環境保全型農業でもロボットは大いに活躍できる。

　有機農業をはじめとする環境保全型農業では、害虫や雑草退治を人の手で行うため、とても手間がかかる。夏は雑草を抜いたり刈ったりするだけで、1日が終わってしまうほどだ。

こうした大変な手間のかかる作業こそ、ロボットに任せればいい。近畿大学ではこのように考えて、環境保全型農業で使えるロボットの研究開発に取り組み、試作機で実証実験を行っている。

レーザーによって数ミリ単位でナビゲーションできる装置を備えるなど、試作機は高性能。畑に穴を開けてポットの苗を植えつけ、適切な間隔を開けてまた穴を開けて……といった、よくある農作業を繰り返し行うことができる。

作業は意外なほどゆっくり進められる。これは環境に負荷をかけないため、石油を動力源としないことを前提として開発されたからだ。目指したのは、通常の産業ロボットとは逆の「小型・軽量・低速」化。この3条件を満たすことによって、エネルギー密度の低い太陽光発電でも、動力を十分まかなうことができる。

農業用ロボットの研究がさらに進めば、葉の裏に隠れている小さな害虫を見つけたり、雑草と作物を見分けて雑草だけを引き抜いたり、さまざまな細かい作業ができるようになるだろう。

環境に優しい野菜づくりを、環境に優しい動力で行う農作業用ロボット。新しい環境保全型農業の主役に躍り出るかもしれない。

第5章

実用寸前！革新的な「乗り物」が社会を一変させる

「ガンダム型」か「アトム型」、「自動運転車」はどっちが勝つ?

ハンドルを握りながら、ついウトウトと居眠りをしても、車は事故を起こすことなく安全に走行する。あるいは、車の中で読書をしているうちに、目的地までスムーズに運んでくれる。こうした自動運転を目指す技術が、ほんのここ数年、急速に進歩しているのをご存じだろうか。

ちょっと信じられないことだが、自動運転車が公道をごく普通に走る時代が来るのは、じつはそれほど遠い未来ではない。

すでに2013年にはトヨタ自動車が、「高速道路の同一車線内」という限定条件のもとながら、〝手離し〟で運転できる試作車を開発。2014年からはさらに技術を進化させて、実際に東名高速道路で走行実験を行っている。

実験車には当然、安全性を確保するため、最先端技術が盛り込まれている。車の周囲を見るためのステレオカメラ、先行車と一定の距離をキープするミリ波レーダー、車の前後6カ所に設けた近赤外線レーザーレーダー、車の周りを360度監視できるレーザーレーダー、等々。

こうした高機能の機器にカバーされて、すでに単に高速道路を走るだけではなく、ETCゲートの通過や本線への合流、走行車線の変更、高速道路から一般道に入ることなどが可能になっているという。

日産自動車も自動運転車の開発に積極的で、より具体的な目標を設定している。まず2016年末までに、渋滞した高速道路の単一レーンでの安全な自動運転を可能にし、加えて自動駐車もできるようにする。次いで2018年、高速道路の合流や車線変更に対応して、複数レーンでも走れる技術を確立することを目指す。

さらに2020年までには、交差点を横断するなど、一般道でも自動運転を可能にするという目標を立てている。東京オリンピックのときには、日本の技術力を世界にアピールするため、選手村を自動運転車がスイスイと走っているかもしれない。

自動運転が難しいのは、まだトヨタも日産も実現できていない、一般道でのスムーズな走行。一般道では交差点や信号、横断歩道、歩行者、自転車の走行、人の飛び出しなど、的確な判断の必要な場面が高速道路よりもはるかに多い。複雑な要素がからみ合った一般道を安全に走行するには、どのような状況になっても、瞬時に判断できる人工知能の開発が不可欠だ。

トヨタや日産の試作車は、「レクサス」や「LEAF」といった従来の車がベース。運転の際には、従来のようにドライバーがハンドルを握ることができる。これをロボットにたとえて、「ガンダム型」といわれることがある。

一方、アプローチの仕方がまったく異なる「アトム型」といわれる自動運転車の開発も進められている。人が運転することを想定しておらず、車が勝手に走るという、ぐっとSFチックなタイプだ。

この「アトム型」を開発している会社の代表はグーグル。2014年に発表された試作車には、何とハンドルもブレーキもアクセルもなく、完全な無人運転を行う。その後、改良を重ね、2015年には公道実験が行われている。この「車輪のあるロボット」のような自動運転車は、ドイツのダイムラーも開発を手がけている。

自動運転車の実用化については、事故を起こしたときの責任の所在など、技術面以外でも課題がある。しかし、これらの点もやがてクリアされるだろう。まずは、従来の車と自動運転車が共存する社会が実現するといわれている。

＜グーグルの試作車＞

かわいい
外観デザイン
試作車には
ハンドルや
アクセルなどがない。
ボタンを押してスタート

※グーグルの資料より作成

まるでスパイ小説のような空陸両用の「空飛ぶ車」

道路を走っていた車から、突如、ニョキニョキと羽根が生えてきて、フワッと離陸する。スパイ映画などでおなじみの「空飛ぶ車」。長らくエンターテイメントの世界にしか存在しないかと思われていたが、その実現がいよいよ間近になってきた。

「空飛ぶ車」を開発しているのは、スロバキアのエアロモービル。1990年に開発を開始し、最初に発表した「エアロモービル1・0」を皮切りに、試行錯誤しながら、「2・0」「2・5」と順次改良。2014年には最新モデルの「エアロモービル3・0」がお披露目された

「エアロモービル3・0」は、まるでイルカのような流線型で、青と白のくっきりしたツートンカラーのデザインが目を引く。全長は6mで、翼を格納した場合の幅は2・24m。一般の普通車用の駐車スペースからは若干はみ出そうだが、大型車専用スペースなら駐車も可能だろう。

＜空を飛ぶとき＞

時速 200km 以上で
飛行する

全長 6m

＜地上を走るとき＞

最高速度 160km と地上でも速い

※エアロモービルの資料より作成

エンジンは4気筒で、燃料はレギュラーガソリンでOK。給油係は驚くだろうが、ガソリンスタンドで普通に給油することもできる。燃料を満タンにすると、最大875kmまで走行可能。最高速は160kmという高性能で、燃費も12・5km／Lとまずまずだ。乗員は2人で、通常の車と同じように横に並んで座る。

さて、肝心の空を飛ぶときはどうするか。まず、折りたたんでいた翼を左右に広げ、一気に加速して250mほど走って離陸する。飛行速度は最高200kmオーバー。最大700kmを飛ぶことができるので、日本なら東京－岡山間、ヨーロッパならパリ－ミュンヘン間をひとっ飛びだ。

「エアロモービル3・0」が空を飛ぶ姿は、インターネットの動画で見ることができる。ただし、まだ試作機の段階。現実に利用するには、当然のことながら、クリアすべき課題は多い。航空機としての認可が必要だし、飛び立つための滑走路も確保しなければならない。

しかし、夢のある話には違いない。エアロモービル社は、早ければ2016年～17年に販売できるのではないかという。気になる価格はまだ決定していないが、スーパーカーと小型飛行機の中間になりそうだとか。

アマゾンが仕掛ける宅配革命、無人飛行機「ドローン」

宅配便は通常、配送トラックのドライバーが玄関先まで届けてくれる。しかし、そう遠くない将来、荷物は空からやって来るのが常識になるかもしれない。

２０１３年、米国インターネット通販大手のアマゾンが、ドローン（小型無人飛行機）を使った新宅配サービスの準備を進めていると発表した。このサービスが実現すると、ネットで注文した商品を自宅まで即座に届けることができるのだという。

使用されるドローンはプロペラが８枚ついており、飛行機というよりはヘリコプターに近い構造。アマゾンの商品の９割近くを占める約２・３kgまでの重さの荷物を抱えて飛行できる。

飛行速度は時速80km以上と、高速道路を走るトラック並みの速さだ。空には渋滞もカーブもない。物流センターから10マイル（約16km）以内にある家まで、たったの30分以内で届けることができる。もちろん、操縦の必要はない。

アメリカでは現在、ドローンによる空輸を認めていない。このため、アマゾンは飛行可能なほかの国で実験を行っていた。

しかし、2015年になって、飛行連邦航空局（FAA）が実験飛行をようやく認めたため、米国内でドローンを飛ばして、飛行動作などを検証することができるようになった。

アマゾンでは当初、このサービスを始めるのは2017~19年になると見込んでいたが、FAAの動きによっては、もっと早く実用化される可能性もあるようだ。ただし、このサービスを機能させるには、あらゆる地域に物流センターを配置する必要がある。まだまだ高いハードルが残っているのは確かだろう。

ドローンによる空輸を考えているのはアマゾンだけではない。アラブ首長国連邦（UAE）では2013年末から、身分証明書といった重要な文書や、一刻も速く届けたい薬品などを、ドローンを使って市民に届ける実験を行っている。受け取る相手が本人かどうかは、指紋認証によって確認するという。

UAEでは早急にドローン使用が全国に拡大することを目指しているから、アマゾンよりもこちらの動きのほうが早いかもしれない。

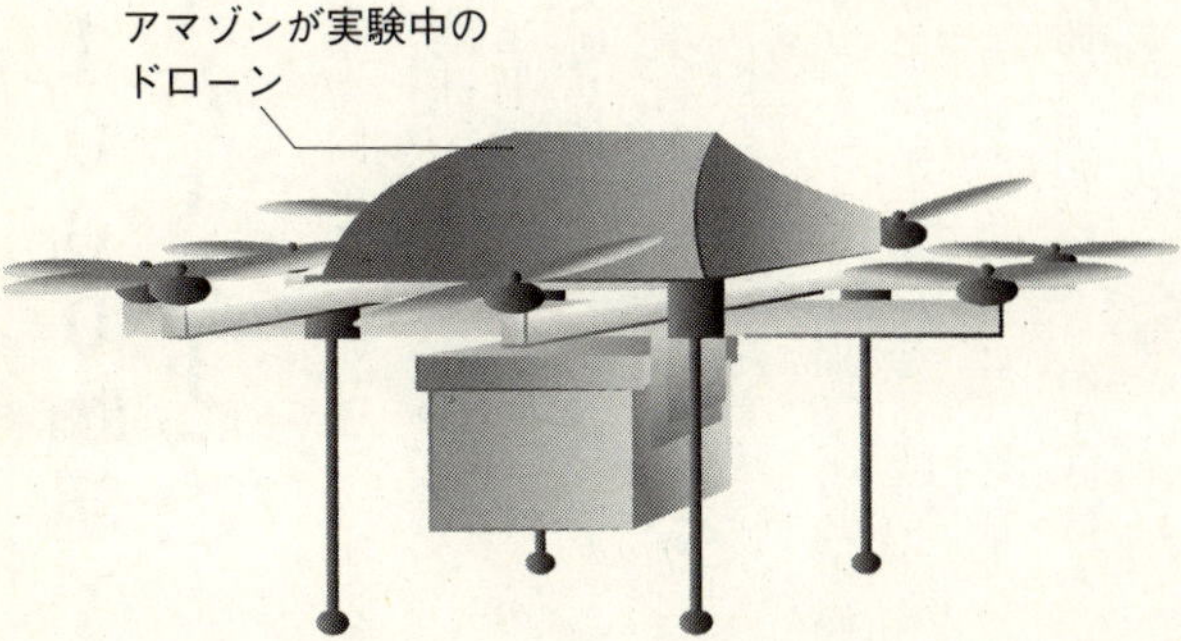

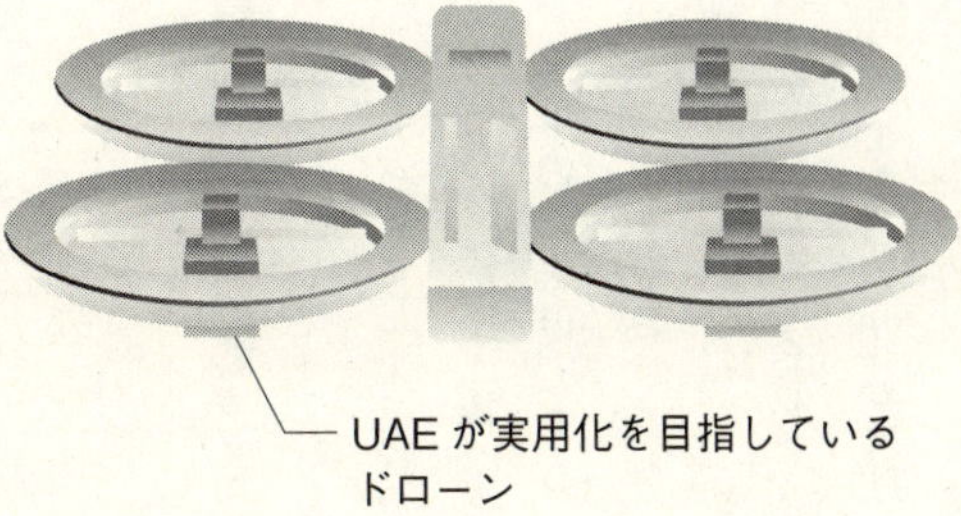

※アマゾン、UAE の資料より作成

時速1000km超で飛ぶように走る「ハイパーループ」

2027年に開業予定のリニア中央新幹線。新幹線の約2倍の時速500kmで走り、東京－大阪を1時間で駆け抜ける。ワクワクする話だが、上には上がある。アメリカでは何と時速1000kmオーバーの超高速交通システムが考え出された。

この新交通システム「ハイパーループ」を発表したのは、民間宇宙企業のスペースXと、電気自動車で大成功を収めたテスラモーターズのCEOであるイーロン・マスク氏。「未来を変える天才経営者」ともいわれる人物が自信満々で発表したのだから、信じがたいような構想でも耳を傾けないわけにはいかない。

2013年に発表された計画では、最高速度は時速760マイル（約1223km）。サンフランシスコ－ロサンゼルス間の約600kmをたった30分で結ぶという。車で約7時間、飛行機でも約1時間かかる距離だから、驚かずにはいられない。

ハイパーループをひと言でいうと、「レールガンとコンコルドとエアホッケー台を

リニアモーターカーよりも
はるかに高速で走る

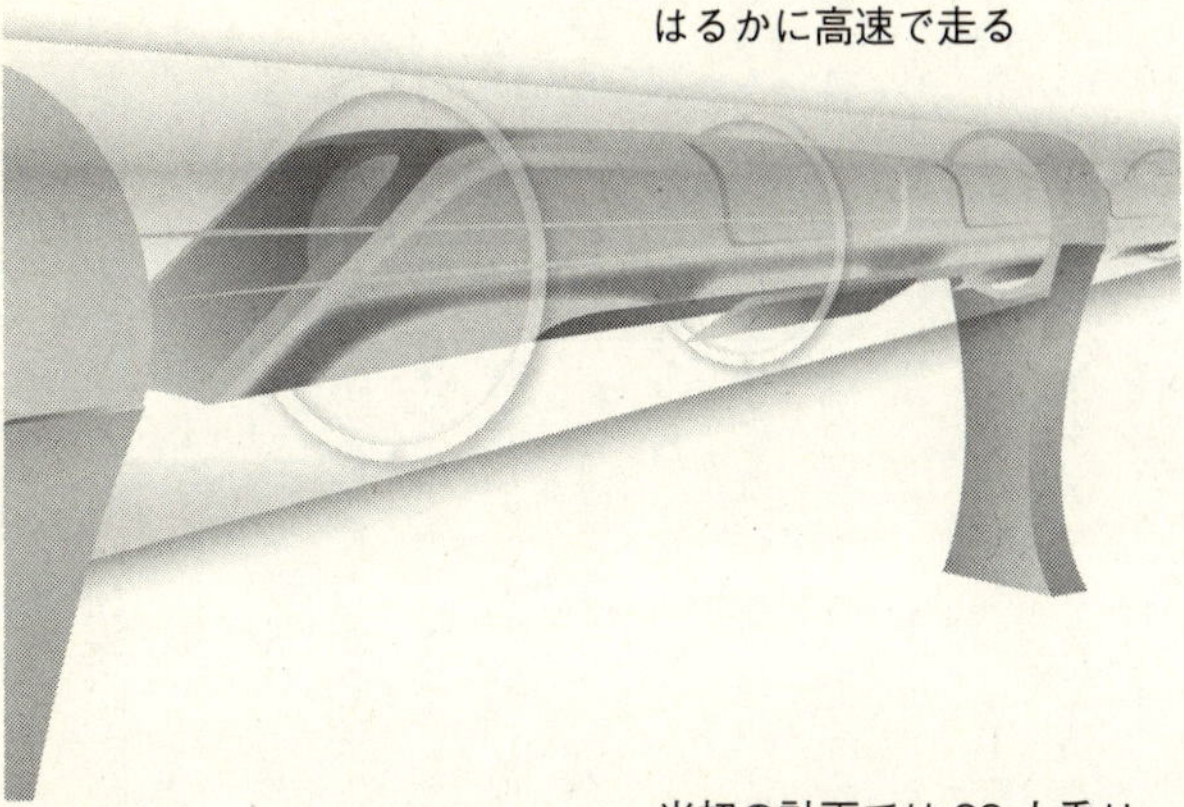

当初の計画では 28 人乗り

※テスラモーターズの資料より作成

足して3で割ったようなもの」とのことだ。「レールガン」とはマッハ7の速度で弾丸を打ち出せる装置で、「電磁加速砲」ともいわれる。

では、いったいどのような仕組みなのか？　簡単に説明すると、高架に鉄製のチューブを据えつけ、その中をアルミニウム製の乗り物が空中に浮かび、摩擦抵抗なしで高速移動する。膨大な電力が必要になるが、チューブの上にソーラーパネルを取りつけて、太陽光発電によってまかなうことができるという。

1台には28人しか乗車できないが、30秒から2分おきに次々発車させられるので、年間片道740万人が移動できる。人ではなく、車をまるごとチューブ内に入れて移動するという案もある。

もちろん、実現するには越えなければならないハードルがいくつもある。まず試作機を作って検証する必要があるだろう。60億ドルから100億ドル（約7000億円から1兆2000億円）かかるという莫大な建設費の問題もある。

この夢のような構想について、イーロン・マスク氏は2015年1月「ハイパーループのテストコースをテキサスに造る」とツイッターでつぶやいた。システム構築には10年かかるというが、突然、一気に動き出すかもしれない。

人工衛星の仕事をこなす、革新的な「無人飛行機」

我々が暮らす下界のはるか上空で、気象観測や通信ほか、さまざまな仕事をこなしている人工衛星。現代社会を支える最先端技術の結晶だが、開発から打ち上げだけで数十億円にも及ぶ莫大なコストがかかる。

この人工衛星の代わりになるものを、わずか2億円以下で製造できるといえば、宇宙工学の専門家は目が点になるのではないか。しかし、これは冗談ではなく、実現まで秒読みになっている現実の話だ。

低軌道衛星（低軌道を回る人工衛星）として利用できる無人飛行機を開発したのは、米国の無人飛行機開発ベンチャー企業、タイタン・エアロスペース。この革新的な無人飛行機は「Ｓｏｌａｒａ《ソララ》50」と名づけられている。

「Ｓｏｌａｒａ」のシルエットは、まるでゴムを動力としてプロペラを回すおもちゃの飛行機のようだ。とはいえ、大きさはおもちゃどころか、全長はバスよりも長い

15・5m、翼の長さは約50mもある。これほどの巨体でありながら、重さは大人2～3人分程度の159kgしかない。

最大の特徴は、翼の上面にソーラーパネルを約3000枚取りつけていることだ。カタパルト（滑走路を使わずに飛行機を打ち出す装置）を使って打ち上げたら、あとは太陽光発電によってプロペラを回して飛ぶ仕組みになっている。

太陽の出ていない夜は、翼内部のリチウムインバッテリーに蓄えていた余剰電力を使って飛行。約100kmの巡航速度で、最大5年間、450万kmを飛び続けることができるという。なお、車輪を取りつけていないので、帰還する際は胴体着陸する必要があるそうだ。

最大32kgの機材を積めることから、さまざまな用途に活用OK。気象観測などのほか、国境監視や麻薬犯罪監視などでも利用できるとみられている。

この「Solara」を開発したタイタン・エアロスペースだが、じつは2014年にグーグルに買収された。フェイスブックも買収のターゲットにしていたと噂される。「Solara」の利用価値がいかに高いかという証明だ。グーグルは「Solara」によって、インターネット接続の向上を狙っているといわれている。

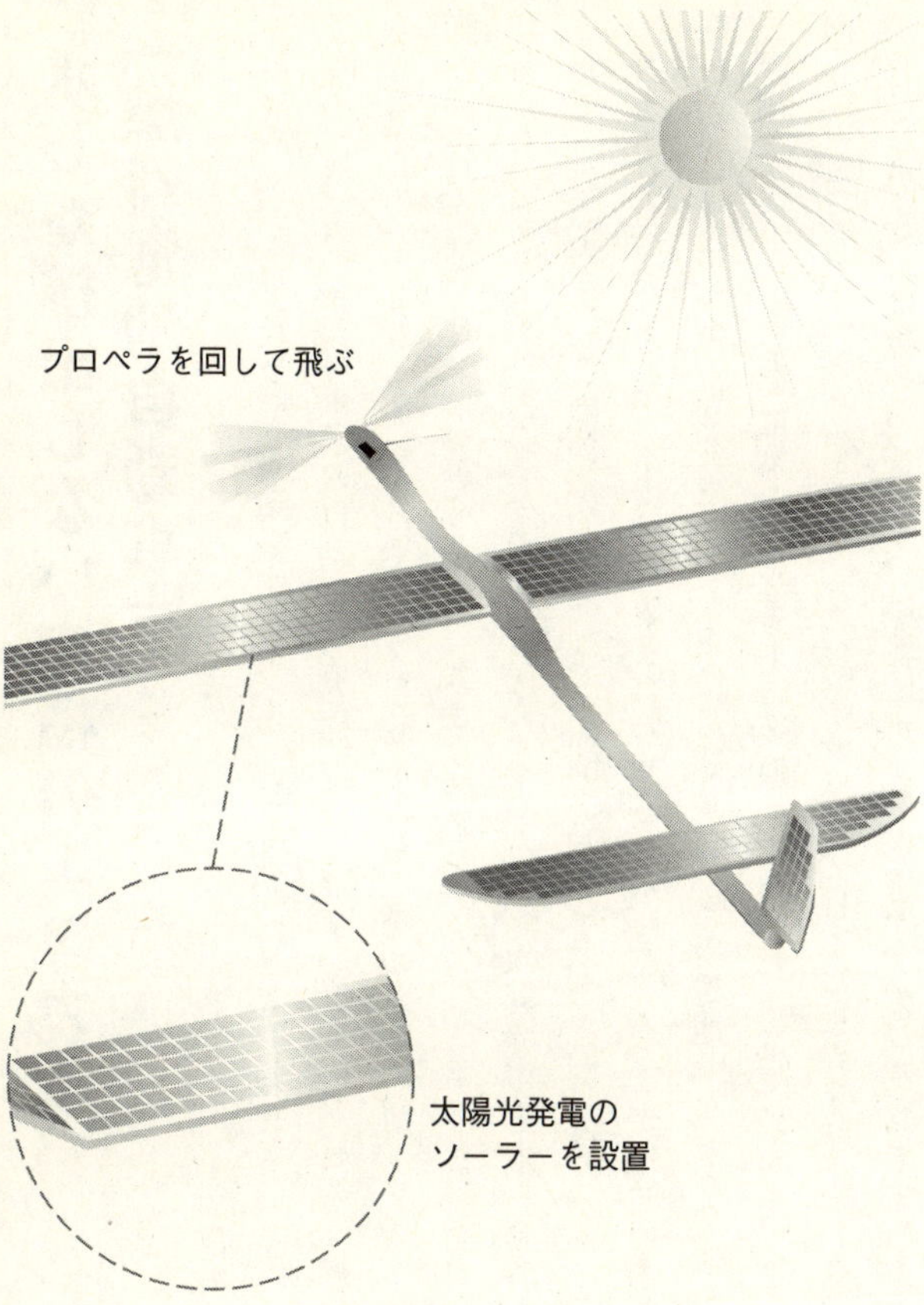

※タイタン・エアロスペースの資料より作成

水しか排出しない究極のエコカー、「燃料電池自動車」

近い将来、「水素社会」が到来する——。いま盛んにこういわれている。その象徴となっているのが、〝未来の自動車〟〝究極のエコカー〟ともいわれる「燃料電池車（ＦＣＶ）」だ。２０１４年にはトヨタ自動車から、その名も「ＭＩＲＡＩ《ミライ》」という世界初の量産型ＦＣＶが発売されて、大きな話題を呼んだ。

しかし、そもそも、なぜ水素が燃料になるのか？　水素で車を走らせるなんてことができるのか？　この根本的な部分で疑問を感じる人も多いだろう。

ざっくり説明すると、水素は酸素と合わせると水になる。この化学反応を起こす際、同時にエネルギーも発生する。車に搭載した「燃料電池」という装置を使って、この化学エネルギーを電気エネルギーに変換。生み出した電気によってモーターを回して走らせるという仕組みだ。この技術開発で、日本は世界をリードしている。

ＦＣＶの長所は数多い。まず、環境に対する影響が、ガソリンで走る車とはまったく異なる。走行時に排出されるのは水のみ。大気汚染や温暖化の原因となる二酸化炭素や窒素酸化物の排出は当然ゼロだ。

騒音も少ないので、車内で会話をするのも楽だ。ただし、無音ではなく、モーターの回転が上がるとともに、高圧ポンプが回る「グォー」という音は発生する。

ほかには、エネルギー効率が高いのも大きなメリットだ。ガソリン車の場合、エネルギー効率は15〜20％程度だが、ＦＣＶは30％以上と約2倍も効率がいい。

ＦＣＶの当面のライバルになるのは電気自動車（ＥＶ）だろう。このＥＶとふたつの面で比較してみよう。

まず、エネルギー源の補給方法について。ＥＶの場合は充電だ。１００Ｖの普通充電だと半日から丸1日、急速充電でも80％充電するまでに30分前後かかる。一方、ＦＣＶの場合、充電の代わりに、ガソリン車に給油するのと同じように、水素を充填する必要があるが、この作業はものの3分程度もあれば完了する。

走行距離については、ＥＶは1回の充電で２００㎞程度しか走ることができない。これに対して、ＦＣＶは1回充填したら、その3倍以上の６５０㎞（「ＭＩＲＡＩ」の場合）を走行できるから、安心して乗れる。

こう見てみると、FCVは良いこと尽くめのようだ。近い将来、車の主流はFCVになるに違いない。こう思いたくなる。

しかし、FCVが普及するためには、クリアしなければならない課題がまだまだ多い。このため、FCVを「未来の車はこれだ！」と称賛する声がある一方、世界標準には到底ならず、「ガラケー（ガラパゴス携帯）」ならぬ「ガラカー（ガラパゴスカー）」になるだろう、という見方もけっこうされているのだ。

FCVの課題とは何か。最も大きな問題は、燃料をどうやって補給するかということだ。燃料補給は水素ステーションで行うが、「MIRAI」が発売された時点で、水素ステーションは建設中も含めて日本国内にはたったの45カ所しかない。これでは自由に乗り回すことなど無理な話だ。

水素ステーションを建設するには、普通のガソリンスタンドの約5倍の4～5億円もかかる。さらに安全性の問題もある。福島第1原子力発電所が水素爆発を起こしたように、水素は強い爆発力を持っている。安全対策を徹底したうえで、相当なコストダウンがなければ、水素ステーションはなかなか普及しないだろう。

燃料となる水素をどうやって作るのかも問題だ。いまのところ、水素は化石燃料

トヨタ自動車の「MIRAI」
販売価格は723万円
水素ステーションで
スタッフが注入

フロントから
空気（酸素）を大量に取り込み、
水素と反応させて水を生成。
この化学反応をエネルギーにする

※トヨタの資料より作成

から抽出したり、抽出用のエネルギーとして化石燃料を使ったりしている。水素の出どころまでたどって考えると、FCVは決して「究極のエコカー」ではなく、地球温暖化を防ぐための手段にはならないのだ。

こう見てみると、FCVの行く末は尻すぼみになるようにも思えるが、そう悲観したものではない。まず、取り扱い上の安全性については、すでに十分使いこなせるレベルにあるといわれている。

水素の作り方については、これからどんどん進歩するはずだ。水素は地球上のさまざまなものに含まれている。最も身近で無尽蔵にある水から、再生可能エネルギーを使って取り出すことができれば、まさに「究極のエコ」となる。

開拓者であるトヨタの本気度にも注目したい。異例のことだが、FCVに関する5680件もの特許を無償で公開したのだ。自動車業界全体でFCVを推進していこう！という決意の表れといえる。

水素に関連したインフラの市場は今後、世界で急激に伸びていくと予測されている。2030年には37兆円にまで膨らむという試算もあるほどだ。来たるべき水素社会の象徴として、これからもFCVから目が離せない。

第6章

実用寸前！「宇宙空間」がどんどん身近な存在になる

月面でローバーを５００ｍ走らせよ！　グーグルの「月面探査コンペ」

１９２７年、チャールズ・リンドバーグが初の大西洋単独無着陸飛行に成功した。じつは、この偉業は冒険心だけで成し遂げられたのではない。リンドバーグは、当時のホテル王が主催した賞金レースに乗ったのだ。33時間を超える超人的な連続飛行によって、彼は名声とともに賞金２万５０００ドルを手にすることができた。

この1世紀近く前の賞金レースに負けず劣らず白熱した闘いが、いま行われている。非営利団体Xプライズ財団が主催し、グーグルが冠スポンサーを務める「Ｇｏｏｇｌｅ Ｌｕｎａｒ ＸＰＲＩＺＥ《グーグル・ルナ・エックスプライズ》」という月面探査コンペだ。

ミッションを最初にクリアしたチームには賞金２０００万ドル（約24億円）、水の発見やアポロ11号着陸点撮影といったボーナス賞などを含め、総額３０００万ドル（約36億円）が支払われる。

「ＸＰＲＩＺＥ」は国家事業としてではなく、民間による月探査を目標とする。コンぺのルールはとてもシンプルだ。

まず、月にローバー（無人探査機）を着陸させ、月面を500m走行させる。そして、撮影した映像を地球に送信する。これらを2016年末までに達成すること（当初は2012年だったが、何度か延期）。以上だ。

言葉にすると簡単だが、極めて難易度の高いミッションだ。ローバーについては、たった500mを走行させるだけじゃないか、と思われるかもしれないが、成功するのは容易ではない。

月面は昼間、気温110℃の灼熱の地、逆に夜間はマイナス180℃の酷寒の地になる。この厳しい気象条件に加えて、月面にはそこらじゅうにクレーターがあり、岩もごろごろ転がっている。

こうした条件下で、機器を正常に作動させて、障害物をよけながら、500mをトラブルなしで走るのは至難のわざだ。

また、ローバーなどを月まで運ぶロケットも調達しなければならない。ここでも相当な予算が必要だ。宇宙ベンチャー企業のスペースXが開発し、コストパフォーマンスの高い「ファルコン9」に人気が集まりそうだともいわれている。

2015年1月には「着陸」「機動性」「撮影」の3部門について、優れた実験結果を出した5チームに「中間賞」が贈られた。日本から唯一参加している「ハクト」も見事受賞し、50万ドル（約6000万円）を獲得した。

参加登録が締め切られた2010年末には、世界中から30チーム以上がコンペへの参加を表明していた。その後、ミッションの難易度や資金調達の難しさなどから、少しずつ脱落していった。

しかし、それでも「中間賞」の時点で、受賞5チームを含めて計18チームが参戦。いま残っているチームの研究者、技術者たちはみな、ミッションをクリアするのは可能だと信じている。スケジュール通りでいけば、コンペの結果は2016年中にわかる。ぜひ、日本チーム「ハクト」に栄冠を勝ち取ってもらいたいものだ。

リンドバーグが大西洋単独無着陸飛行に成功した当時、じつは飛行機が何に役立つのか、人々はそれほど理解していなかったという。リンドバーグの成功によって、長い距離を短時間で結ぶということが実感でき、その後、飛行機の開発が一気に進んでいった。この「月面探査コンペ」も、宇宙開発を革命的に加速させる大きなきっかけになるかもしれない。

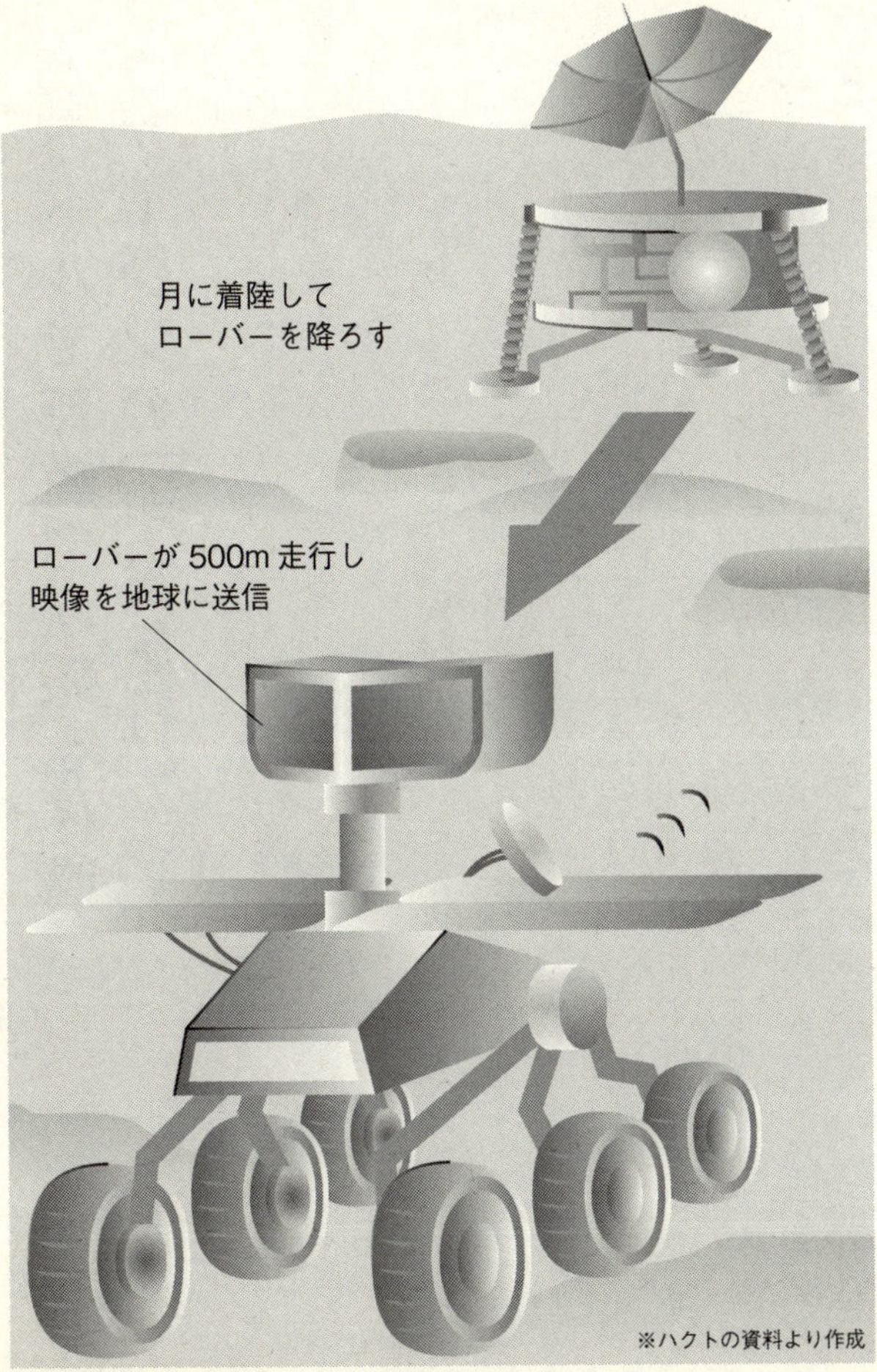
月に着陸して
ローバーを降ろす
ローバーが 500m 走行し
映像を地球に送信
※ハクトの資料より作成

25万ドルで無重力状態を体感。ヴァージンの「宇宙旅行」

これまでに宇宙に行った人間は、日本人9人を含めて世界に541人。技術的・科学的な専門知識を持ち、厳しい訓練に耐えた、精神・肉体ともに極めて優秀な能力を持つ宇宙飛行士ばかりだ。

しかし、宇宙飛行士でなくても、気軽に（大金さえ払えば）宇宙に行ける時代が到来しようとしている。英国ヴァージン・グループの創業者、リチャード・ブランソンが民間宇宙旅行会社のヴァージン・ギャラクティックを設立。夢にあふれる宇宙旅行時代は、早ければ2015年中に幕を開けるはずだったのだが……。

ヴァージンの宇宙船は2014年10月、米国カリフォルニア州の砂漠の上空を試験飛行中に墜落。テストパイロットが死亡するという悲惨な事故を起こした。世界に衝撃を与えたこの惨事の後、ヴァージンは宇宙旅行の事業を継続することを発表。安全性を回復させようと、立て直しを図っている。

では、ここから先は、ヴァージンが事故以前から発表していた内容に沿って、どのような流れで宇宙旅行が行われるのかを紹介しよう。

ヴァージンの宇宙旅行は、18歳以上の健康な人なら申し込みができる（一部国籍に関する制限あり）。チケットは1枚25万ドル（約3000万円）。世界中から日本人19人を含む約700人が申し込んでいるという。

なお、この金額には保険はかかっていない。保険会社が商品化を検討中と発表されているが、テストの段階で墜落事故を起こしたという事実をどうとらえるか。

宇宙へは米国ニューメキシコ州の宇宙旅行専用港（スペースポート・アメリカ）から向かう。砂漠の真ん中にあり、1日のうち300日以上が晴れるという、宇宙船の打ち上げには最適な条件の土地だ。

この世界初の民間宇宙港は、ニューメキシコ州がヴァージンの協力を得て、約200億円をかけて整備した。敷地は広大で、成田空港の約7倍もある。地元では住民投票の末に消費税を0・25％アップして、この莫大な費用を捻出した。

宇宙旅行の日程が決まったら、出発する4日前、この宇宙港に集合。同じ宇宙船に乗船する6人の仲間と、同乗するパイロットが一緒になって、宇宙に行くために必要な訓練を行う。

宇宙空間とはどのようなところか、どういった行動が必要なのかといったレクチャーに加え、実技訓練も行われる。

実物大の疑似宇宙船キャビンなどを使い、宇宙飛行士を描いたマンガ『宇宙兄弟』さながらの緊迫感あふれるシミュレーションも実施されるようだ。訓練は3日間続き、この間、専門医による健康診断も実施する。

訓練が終わったら、いよいよ宇宙旅行に出発だ。「スペースシップ2」と名づけられた宇宙船で飛ぶ予定だったが、これが墜落。リチャード・ブランソンは「2015年は新しい時代の始まり」として、「感動と興奮を呼ぶであろう2機目の宇宙船が完成します」と宇宙旅行を予約している客にメッセージを発信している。

新宇宙船が「スペースシップ2」と同タイプになった場合、宇宙旅行は次のように行われる。

ロケットの発射といえば、爆発したかのような大量の炎を発し、轟音に包まれながら垂直に飛び上がっていく様子を想像する。しかし、この宇宙旅行の出発はまるで違って、静かなものになる。

宇宙船は母船の航空機に抱えられて、通常の飛行機と同じように、滑走路を離陸して飛び立つ。そして、母船に高度15㎞まで運ばれ、空中発射される。離陸から空中発射までは約45分だ。

このやり方だと、ロケットエンジンを短い時間使うだけで宇宙まで行ける。加えて、万一、エンジンに不都合が生じても、噴射を止めたうえで、グライダーのように飛びながら地上に戻ってくることができるのだという。

ただし、試験飛行の事故では、宇宙船が切り離されて2分後に制御不能になって墜落したのだが……。

ともあれ、宇宙船は高度15㎞で母船から切り離されて、ロケットエンジンを点火。マッハ3・3（時速約4000㎞）という、旅行者たちが未体験の超高速で宇宙へと進んでいく。

宇宙船が目指すのは高度100㎞の世界。その先の空間には空気がほとんどないことから、一般的に高度100㎞よりも向こう側を「宇宙」と呼んでいる。

母船から切り離された当初、空は輝くばかりの透明な青色だ。しかし、上昇していくにつれて、どんどん暗くなっていく。紫色から藍色になり、さらに墨で描いたように真っ暗な空になって、無数の星が輝く。

空中発射した後、目的地である高度100kmの宇宙空間まで90秒で到着。客はシートベルトを外して、テレビや映画で見た宇宙飛行士のように、プカプカと空中に浮かんで無重力状態を楽しむ。窓の外から見下ろすと、そこには丸く広がる地球。「ああ、地球はやはり青かった」と客はみな感動に震えることだろう。

宇宙空間にいられる時間はそう長くない。4分後には帰還へと向かう。最大約6Gの重力加速度を受けながら降下。リクライニングを倒した座席で、客は身を固めながら重力に耐える。

地上へはエンジンを止めて、グライダー飛行で向かい、離陸した宇宙港に無事着陸。2時間弱の宇宙旅行は完了する。

2015年の民間宇宙船初フライトは難しくなったが、ヴァージンのほかにも宇宙旅行の計画を進めている宇宙ベンチャー企業はある。民間人による宇宙への挑戦は、これから一層激しくなるに違いない。

成功を重ねるにつれて、料金も少しずつ下がっていくと思われる。いつの時代かは、海外旅行に行くような感覚で、宇宙旅行に出かけられるようになるのだろう。

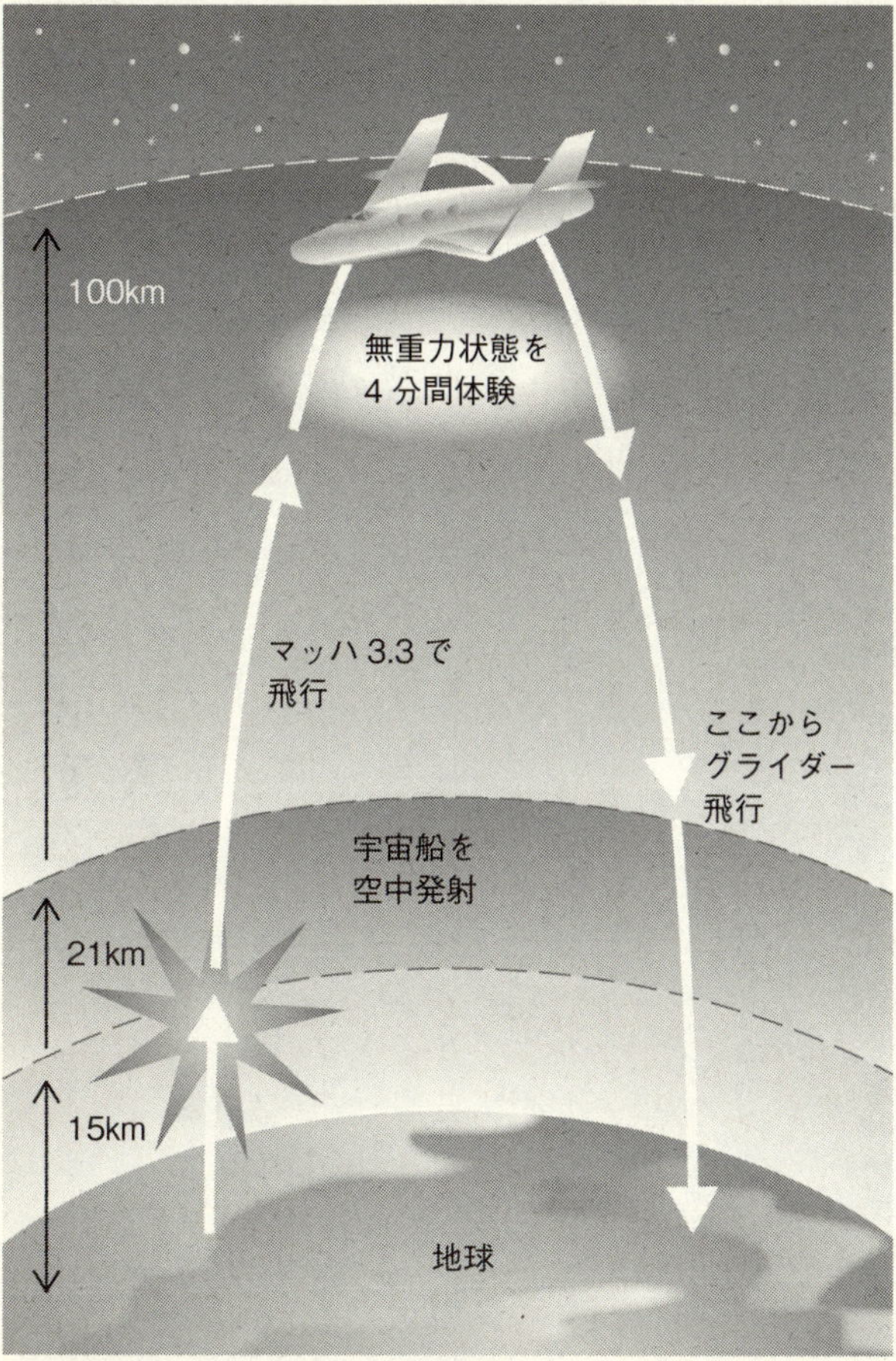

※ヴァージンギャラクティック 日本地区公式代理店
クラブツーリズム・スペースツアーズの資料より作成

米国のホテル王が建設する「宇宙ホテル」でバカンスを

ヴァージンが目指す民間宇宙船のフライトは、この先、計画の進行具合が大幅に変わる可能性もある。宇宙旅行を実現させるのは、米国のホテル王が推し進める壮大な計画のほうが早いかもしれない。

ホテル王とはロバート・ビゲロー氏。ラスベガスを拠点とし、米西部に格安ホテルチェーンを展開するバジェット・スウィート・オブ・アメリカのオーナーだ。このビゲロー氏は1999年、巨額の資産を投じて、宇宙ベンチャー企業のビゲロー・エアロスペースを設立した。

「ホテル王」が率いる宇宙ベンチャーらしく、エアロスペースが実現を目指すのは、宇宙空間でゆったり滞在できる「宇宙ホテル」だ。その実現に向けて、ビゲロー氏は本気で取り組んできた。

「宇宙ホテル」はロケットで打ち上げられる宇宙ステーションタイプ。ユニークなのが「膨張型」であることだ。打ち上げ前には小さく折りたたんで、コンパクトに収納。打ち上げ後、宇宙空間で風船のように膨らませて、内部に大きな居住空間を生み出す。

これは元々、アメリカ航空宇宙局（NASA）が考え出した仕組み。構造上、放射線や宇宙ゴミなどの衝突に弱いと思われていたが、近年、強靭な素材が開発されたことによって、実現に向かうことができた。

エアロスペースは2006年と07年の2回、この膨張型の試験機を打ち上げることに成功。「宇宙ホテル」の実現に向けて大きく踏み出した。

2015年3月には、新型の約3分の1スケールの試験機を公開。同年9月にも打ち上げられ、宇宙飛行士が滞在している国際宇宙ステーションに取りつけられる。その後、2年間にわたって、機能や安全性が検証される予定だ。

一歩一歩、課題をクリアしながら、実現に近づいている「宇宙ホテル」。打ち上げ時期は未定だが、検証が終わった2017年以降の早い段階になる可能性もある。

さて、「宇宙ホテル」での滞在はどのようになるのだろうか。ひとつのポイントは、ヴァージンの宇宙旅行よりもはるかに高い、高度400㎞ほどの宇宙空間に設けられることだ。

この高度では地球を約90分で1周するので、夜明けと日没が45分ごとに訪れる。カクテルグラスを片手に、窓から美しい地球を見下ろし、変化し続ける景色を眺めるのは、さぞかし楽しいに違いない。

宿泊期間については、せっかく遠路、宇宙空間まで行くのだから、1泊2日や2泊3日ではない。少なくとも10日間から、長ければ2カ月程度のかなりの連泊の設定になるようだ。

さて、気になる宿泊料金はいくらか？　とてつもなく高額であることは予想できるだろうが、2600万ドルから3600万ドル程度というのだからすごい。日本円に換算すると、約31億円から43億円。この金額は宿泊料金というよりも、往復に利用する「ロケット料金」なのだという。

それにしても、これほど高額ではいったい誰が利用できるのだろう。じつは「宇宙ホテル」は観光客向けではない。国際宇宙ステーションを利用できない国を対象に、宇宙での実験施設を提供するのが狙いのようだ。ただし、ポンと30億円を支払えば、一般客も宿泊できるのではないか。ちょっと考えてみてはいかが？

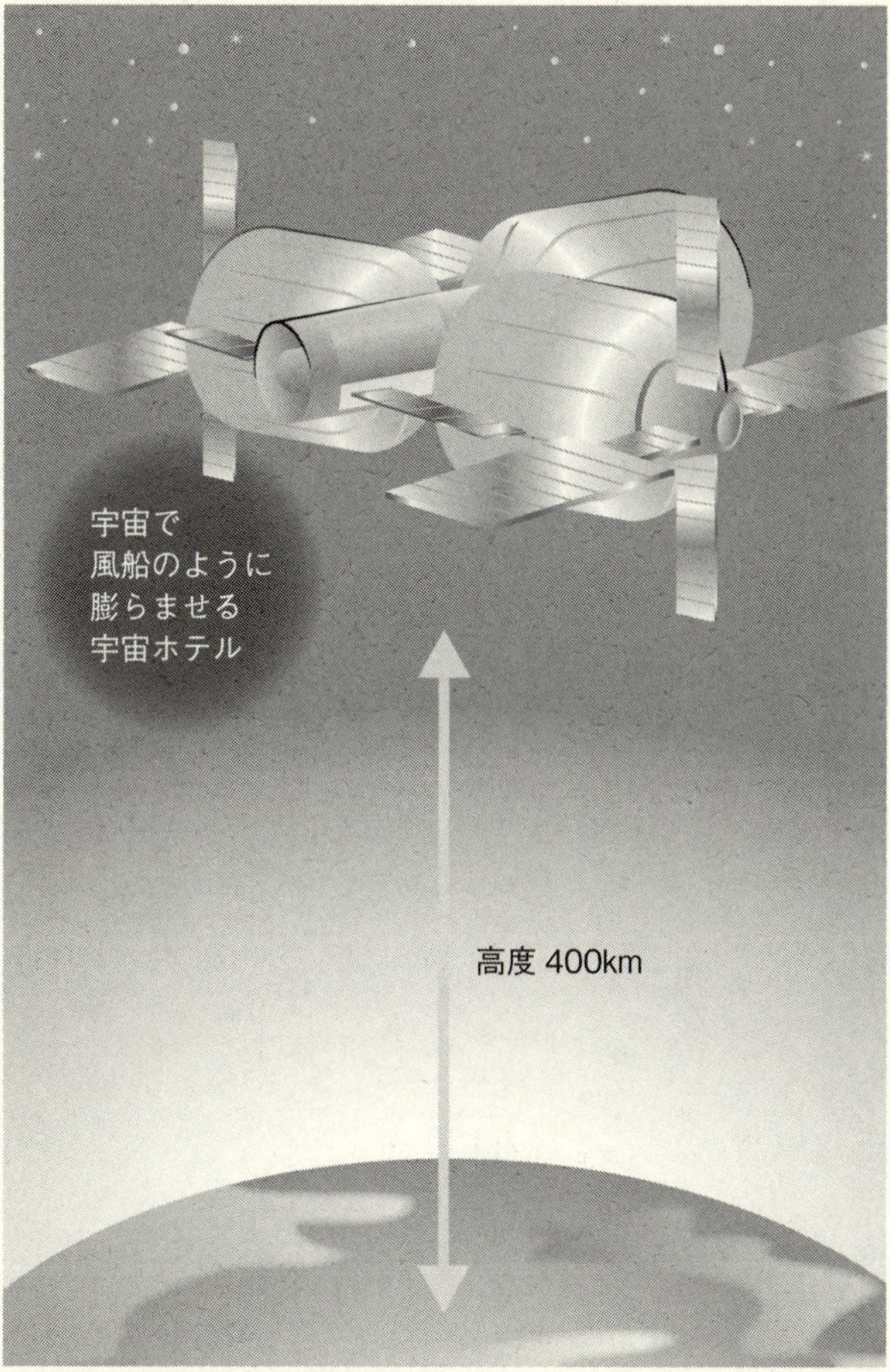

※ビゲロー・エアロスペースの資料より作成

人類初の火星移住に出発、片道切符の「マーズワン」計画

火星に住む。火星を第2の地球にすることが究極の目標だ——。小惑星探査機「はやぶさ2」の関係者はメディアの取材にこう答えた。ただし、「そこにいたるまでには100年かかるかもしれない」とつけ加えてのことだった。

だが、100年後どころか、2025年には火星移住を実現させようとする一大プロジェクトが動いている。この驚くべき計画をぶち上げているのは、マーズワンというオランダの宇宙ベンチャー企業だ。

「マーズワン」計画は2011年に立ち上げられた。ほかの宇宙プロジェクトや民間宇宙旅行と大きく異なるのは、「片道切符」を手に地球を飛び立つという点だ。火星に到着した後、乗組員はそこで暮らし続けるしかない。復路のアクセスについては、まったく考えられていないのだ。

こうした無謀ともいえる計画ながら、2013年に移住希望者を公募すると、世

界中から20万人以上が応募した。その後、選考を重ね、2015年2月には男女各50人の100人にまで絞られた。この中にはメキシコ在住の日本人女性の料理人も含まれている。今後もさらに選考を行い、最終的には実際に移住する4人×6チームの計24人を選び出す予定だ。

今後、発表通りにことが運べば、プロジェクトは次のような流れで進められる。まず、移住者となる候補メンバーが集まり、専門的なトレーニングを開始。火星を模した辺境の基地で毎年数カ月を過ごし、火星で生きていくために必要な医療技術や農作物を育てる方法、惑星探査をするローバーの使い方や修理方法などを身につけていく。はじめは比較的過ごしやすい場所でトレーニング。次のステップでは、北極のような厳しい環境が訓練の場となる。

訓練が行われる一方で、通信衛星などの装備が火星に送られる。この装備によって、火星から地球に向けて、画像や映像などの情報をリアルタイムで送信することができる。

次いで、惑星探査ローバーも火星に送られる。ローバーは火星を動き回り、居住に適したところを探し出す。「マーズワン」計画が火星で人が暮らせるとする条件は、太陽光発電が可能で、土壌に水を多く含んでいることなどだ。

さらに居住のためのユニットや、水や酸素を作り出す生命維持ユニットも火星に届けられ、ローバーが探し出した居住最適地域に配置する。

居住できる基地の完成後、最初の1チーム4人を乗せた宇宙船が地球を出発し、7カ月後には火星に到着。2025年より、「火星で暮らし続ける」という人類初のミッションに、文字通り命を賭けてのぞむ。

この壮大なプロジェクトが「マーズワン」計画だ。莫大な資金が必要だが、その調達の方法も型破り。訓練や宇宙旅行、火星での生活をテレビで中継することによって、その多くを稼ぎ出すことを狙っているという。

しかし、この計画には否定的な声も多い。火星で本当に暮らすことができるのか？　精神面は正常なままでいられるのか？　人間関係でトラブルが起きたらどうするのか？　片道切符で人間を送り出していいのか？　とにかく、本当に実現できるのか？

計画が成功すれば、人類が初めて月に立ったとき以来の衝撃を世界に与えるだろう。果たして2025年、人類が火星に移住した最初の年になるのだろうか？

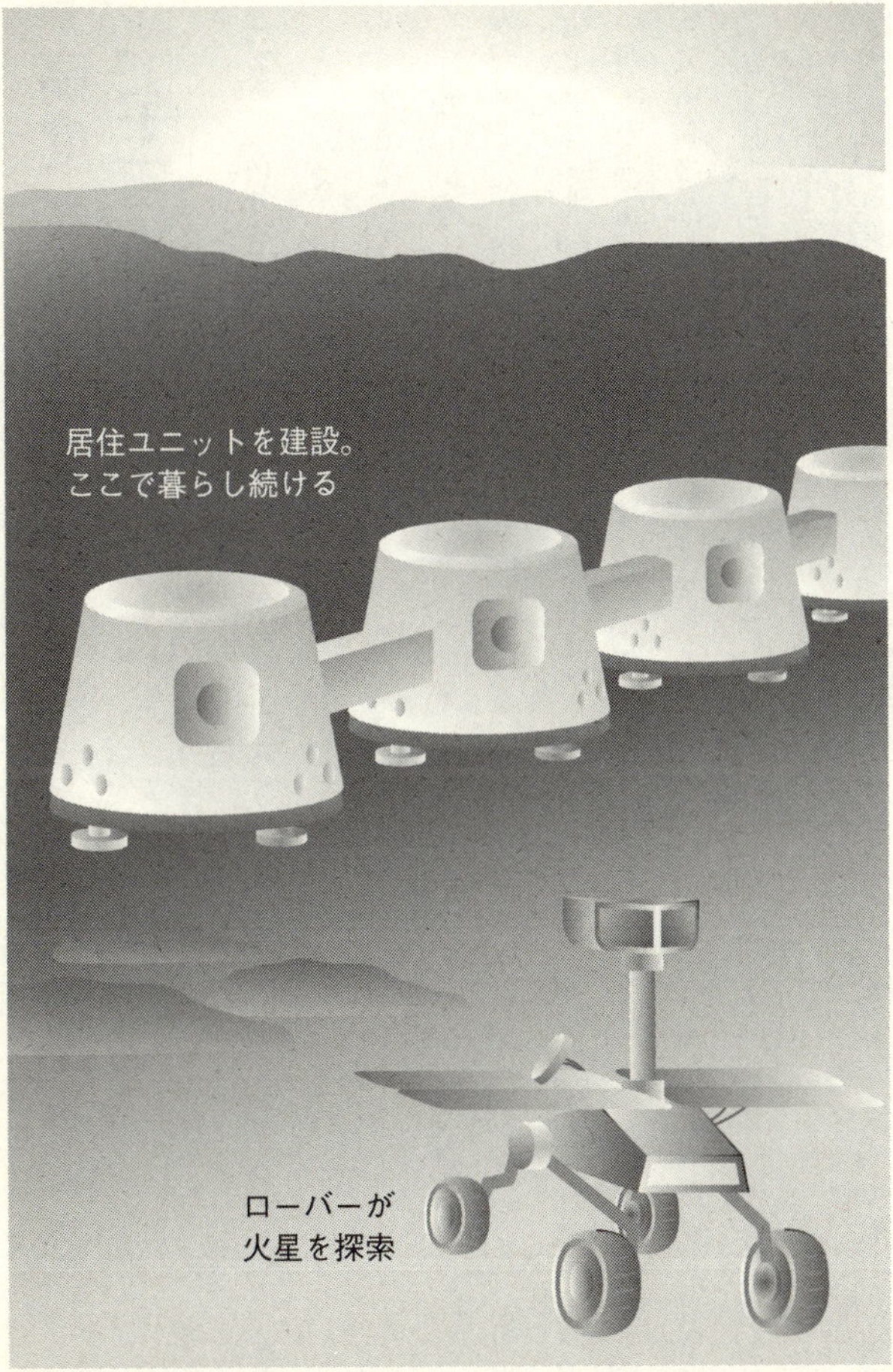
居住ユニットを建設。
ここで暮らし続ける
ローバーが
火星を探索

※マーズワンの資料より作成

高度3万6000㎞まで一気に昇る「宇宙エレベーター」

『ジャックと豆の木』という童話をご存じだろう。庭に捨てた豆から芽が出て、天空へとぐんぐん伸びていく。ジャックが豆の木を登っていくと、雲の上には巨人が暮らす大きな城があった。

宇宙に向かって伸びる「宇宙エレベーター」は、まさしくジャックが登った豆の木だ。そして空の上には、巨人の城ならぬ、宇宙ステーションがある。こんなSF小説のような世界の実現に向けて、日本を含む世界各国で研究が進められている。

長大なケーブルを天空に伸ばし、かごのようなものを取りつけて、人や物資を宇宙に直接運ぶ。この宇宙エレベーターのアイデア自体は古くからあったが、近年まで実現は不可能とされてきた。ケーブルをずんずん伸ばしていくと、やがて自らの重みに耐えきれず、ちぎれてしまうのが明白だからだ。

長い間、空想の産物でしかなかった宇宙エレベーター。それが実現可能だと真剣に考えられるようになったのは、1991年以降のことだ。カーボンナノチューブという、極めて強い新素材が開発されたのが契機になった。

カーボンナノチューブは炭素から作られる素材で、アルミニウムの約半分の軽さながら、鋼鉄よりもはるかに強く、ダイヤモンドを超える引っ張り強度を持つ。この画期的な素材でケーブルを製造すれば、理論的には、宇宙まで伸ばすことが十分可能だと考えられている。

宇宙まで伸ばすといっても、超高層ビルを建築するように天に向けて伸ばしていくわけではない。製造現場となるのは、高度3万6000㎞の宇宙空間に建設される宇宙ステーションだ。

この高度を拠点にするのには大きな理由がある。人工衛星を打ち上げると、地球の周りを回る遠心力と地球の重力が釣り合うことによって落ちてこない。高度3万6000㎞を時速1800㎞で進むと、ちょうど24時間で地球を1周する。地球の自転と同じ速さで回るので、地上から見たら止まっているように見えるのだ。こうした人工衛星を「静止衛星」と呼んでいる。

気象衛星「ひまわり」はこうした静止衛星のひとつ。宇宙から日本の写真を撮り、地上に送ることができるのは、地球の自転に合わせて回っているからだ。ちなみに現在、地上400kmの上空で運用されている国際宇宙ステーションには、もっと大きな重力がかかる。このため、地球の周りをより速く回っており、わずか90分で地球を1周する。

宇宙エレベーターは静止衛星と同じ、高度3万6000kmからケーブルをまっすぐ下に向けて伸ばしていく。ただし、下に伸ばすだけでは、遠心力と重力のバランスが変わる。当然、下のほうが重くなるため、拠点となる宇宙ステーション自体がやがて落下してしまう。そこで、ケーブルを反対側の上にも伸ばしていく。「やじろべえ」を90度傾けたような格好と思えばいいだろう。

この要領で、徐々に下へ上へと伸ばしていくと、ケーブルはやがて地上まで届く。ケーブルをさらに太くしながら強度を増していき、電気モーターで動かせるかごを取りつける。これが「エレベーター」の箱になる。

このかごは新幹線並みの時速200kmで上昇。3万6000km上空にある宇宙ステーションまで、1週間ほどで到達することができる。

宇宙エレベーターはロケットとは違って、乗るために特別な訓練を受ける必要は

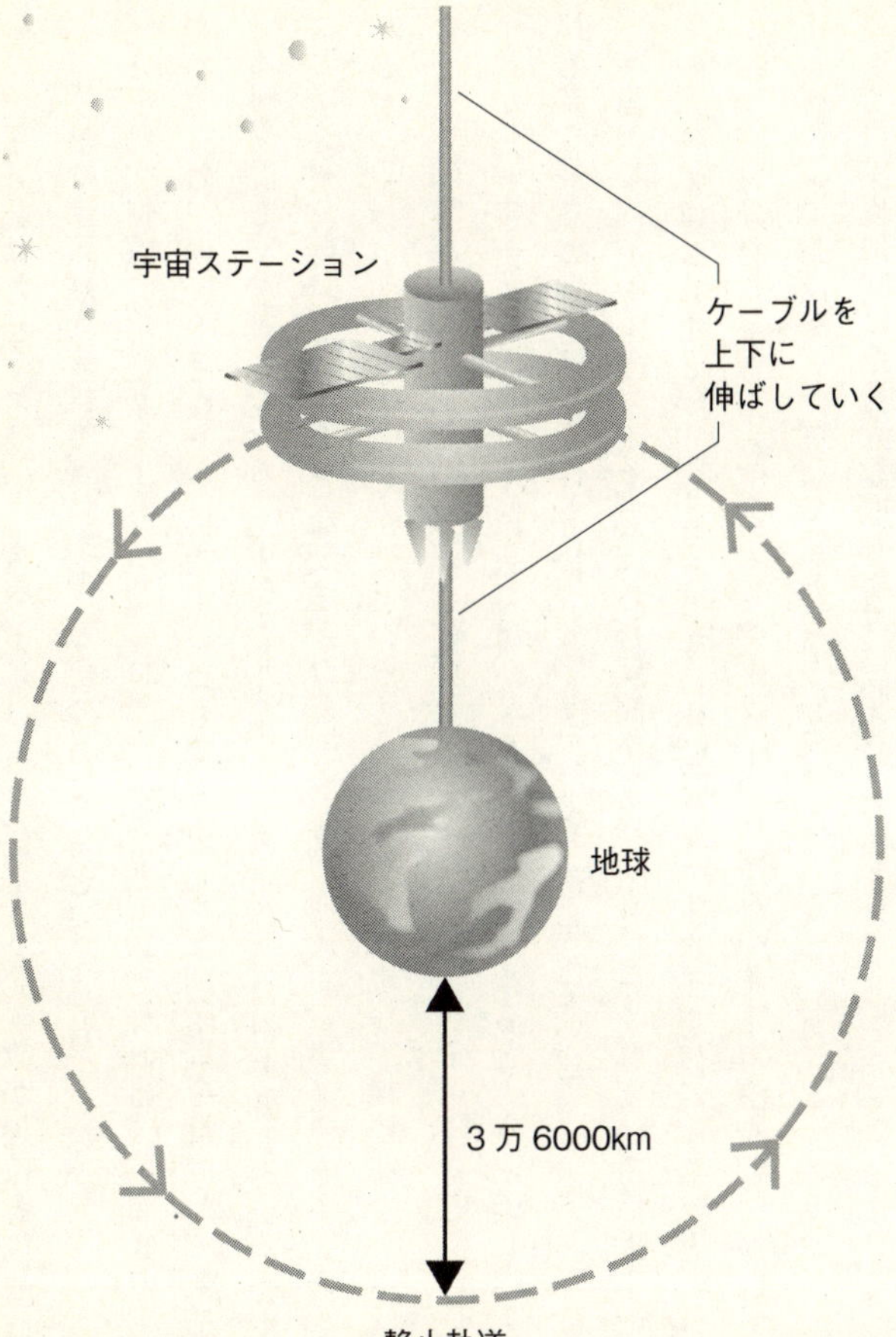

※宇宙エレベーター協会の資料より作成

ない。電気を動力とするので、スペースシャトルのような事故が起こる危険性も低い。手軽な宇宙観光を誰もが体験できるようになると考えられている。

さらに、拠点の宇宙ステーションにロケットの発射台を作れば、いまよりもはるかに簡単に、火星や月などを目指すこともできる。また、衛星を飛ばして軌道に乗せる難易度もぐっと低くなる。宇宙エレベーターの可能性は計り知れないのだ。

とはいえ、現時点では大きな問題がひとつある。カーボンナノチューブのケーブルをどうやって伸ばしていくか、ということだ。じつは現在、純粋なカーボンナノチューブはまだ数㎝の長さのものしか作ることができない。

しかし、宇宙エレベーター協会では、2030年頃になると、宇宙エレベーターに必要な長さのケーブルを作る技術が確立されると想定している。

宇宙エレベーターは、未来をにらむ民間企業からも注目されている。大手ゼネコンの大林組は2012年、「2050年に宇宙エレベーターを建設する」という構想を発表。自分たちが考える宇宙エレベーターの仕組みや施工方法などについて、ホームページで動画をアップして紹介している。

すでに実現に向けた壮大な取り組みは始まっている。

ポンコツの人工衛星をロボットが「リサイクル」

これまでに打ち上げられた人工衛星の数は7000を超える。高度が下がって落下してしまったものも多いが、いまも3500を超える人工衛星が地球の周りを回っているといわれている。

しかし、周回してはいるが、すでに機能が停止しているものも少なくない。米国防総省の機関、国防高等研究計画局（DARPA）では、そうした〝死んだ人工衛星〟の分解・再利用に向けた「フェニックス計画」が進められている。

人工衛星の開発には長い時間がかかる。製造や打ち上げの費用も大きく、1基を宇宙まで持っていくためのコストは莫大だ。「フェニックス計画」は、こうした人工衛星にかかる費用の削減を目的としている。

「フェニックス計画」のポイントは、宇宙空間で作業するのが宇宙飛行士ではないという点にもある。人工衛星を〝リサイクル〟するのは「宇宙ロボット」なのだ。

計画では、地上3万6000㎞の静止軌道上にロボットと必要な機材を打ち上げる。ロボットは宇宙空間で機材を組み立て、人工衛星型の小型モジュールを作り上げる。そして、機能がストップした人工衛星から、まだ利用できるアンテナなどを回収。それをモジュールに取りつけて、新しい通信衛星を作るのだ。

取りつけ作業の仕方についても、「フェニックス計画」では新しい技法を試そうとしている。ひとつは静電気（帯電）の仕組みを利用して接着する方法だ。

もうひとつは「ヤモリが壁を這い上がる仕組み」にならったものだ。ヤモリは指裏に生えている無数の細かい毛を利用して、壁にぴったり吸いつく。この仕組みを応用するのだとか。ヤモリと宇宙ロボットを結びつけるとはユニークな発想だ。

宇宙ロボットが宇宙空間に浮遊し、ロボットアームを駆使してリサイクルに励む様子は、DARPAが作成した動画で見ることができる。まるでSF映画の一部分のようだが、実際に宇宙開発の先端を走るアメリカが実現を目指す計画なのだ。

現状では、アンテナを壊さずに回収できるのか、といった課題も少なくない。しかし、それらが解決するのもそう遠い未来ではないはずだ。ロボットが宇宙空間で活躍する日は、もう間近に来ている。

宇宙空間で酸素提供？光合成をする「人工の葉」

宇宙開発が進むと、長期間、宇宙船の中で滞在することが多くなる。そうしたとき、絶対に必要とされるシステムが酸素を生み出す装置だ。

植物を大量に持ち込んで、酸素を作ればいいのではないか、と考える人もいるだろう。しかし、このアイデアは採用しづらい。宇宙の無重力状態の中では、植物はうまく育たないからだ。

宇宙空間でいかに酸素を生み出すか？　この難問に対する答えのひとつが、２０１４年に発表された。英国ロイヤル・カレッジ・オブ・アート大学の卒業生が考え、米国タフツ大学の研究室と共同で開発した、世界初の「人工の葉」だ。

「人工の葉」の話に入る前に、植物が酸素を生み出す「光合成」の仕組みをざっくりおさらいしておこう。

小学生の理科で習うように、光合成は植物に含まれている「葉緑体」が行う。葉緑体は、空気中の二酸化炭素と根から吸い上げた水を使い、太陽の光を利用して、でんぷんや糖などの栄養を作り出す。

栄養作りの過程で、水は水素と酸素に分解される。その後、水素は二酸化炭素と組み合わされて栄養になる。しかし、酸素は栄養作りに必要ないので、空気中にあっさり捨てられてしまう。こうした植物の働きにより、大気に酸素がたっぷり含まれているわけだ。

この光合成の仕組みに注目し、植物細胞の中にある葉緑体を、絹から取り出したたんぱく質の中に閉じ込めたのが「人工の葉」だ。絹のたんぱく質には分子を安定させる力がある。このため、「人工の葉」の葉緑体は、生きている植物の中にいるときと同じように働き、光を当てると水から酸素を作り出すのだという。

宇宙空間では、本物の植物よりもメンテナンスがはるかに簡単だろうから、宇宙船や宇宙ステーションなどで試してみる価値はありそうだ。

この「人工の葉」が実用化されたら、宇宙開発のほかにも使い道は多いとのこと。光と同時に酸素も供給するランプシェードや、建物の外壁を覆った「酸素供給ビル」、大量に並べた「酸素供給工場」などを開発者は提案している。

第7章

実用寸前！まったく新しい「エネルギー」が生まれる

スマホのバッテリーが10倍以上持つ「砂糖電池」

スマホやタブレットのユーザーが頭を悩まされるのがバッテリー切れだ。しかし、あと数年もしたら、そんな悩みがあったことを忘れているかもしれない。バッテリーの持ち具合が、いまの10倍以上になっている可能性があるのだ。

最近の機器は、バッテリーにリチウム電池を使っている。電池の容量を増やすことは簡単だ。リチウム電池を大きく、厚く、重くするだけでいい。理論的には、スマホのバッテリー切れはこれで難なく解決するが、現実にはそうはいかない。

スマホやタブレットは、いかに薄くするかがポイントのひとつ。たとえバッテリーの容量が増して、使い勝手が良くなるとわかっていても、流行の流れには逆らえない。ぼってり厚いスマホなど、見向きもされないだろう。

あちらを立てれば、こちらが立たず。結局のところ、スマホのデザインを崩さずに、バッテリーの容量を増やす方法はないのだ。しかし、これはバッテリーにリチウム電池を使っている場合の話。現在開発中の新タイプの電池を利用すれば、事態をあっさり改善することができる。

注目すべき新電池とは、米国バージニア工科大学が2014年1月、米国の権威ある科学雑誌『Ｎａｔｕｒｅ』に発表した「砂糖電池」だ。

これまでにも、砂糖を原料とする電池はあったが、砂糖を完全に酸化させることができず、少ない量のエネルギーしか取り出せなかった。この研究者チームは触媒を工夫。通常の白金やニッケルではなく、13種類もの「酵素」を触媒として使うことによって、砂糖を分子に分解してエネルギーを取り出したという。

この砂糖電池のエネルギー密度は、リチウム電池の10倍以上。スマホのバッテリーに使うと、現状では1日でバッテリーが切れていた場合、10日以上も充電する必要がなくなるわけだ。

原料は普通の砂糖だから、コストを低く抑えられるのも大きなメリット。砂糖も酵素も自然の素材なので、環境に優しいのも新時代のバッテリーとしてふさわしい。

研究者グループは、2017年にはスマホやノートパソコンのバッテリーとして実用できると自信満々だ。

次世代エネルギーの本命？黒潮を利用する「海流発電」

2011年、原子力発電の安全神話が崩壊して以降、再生可能エネルギーがクローズアップされている。中でも島国という地理的条件を活かせて、将来有望と期待されているのが、「海の力」をエネルギーに換える方法だ。

日本近海に無尽蔵にある海洋エネルギー。特に海流ほど安定したエネルギー源はない。嵐で海が大荒れになっても、ある程度の深さのところはさほど影響を受けない。未来のエネルギーの大きな柱になる可能性は十分だ。

しかも、日本近海には黒潮、親潮、対馬海流、リマン海流が流れている。領海内にこれほどの海流を持つ国は世界でも珍しい。「海流発電」を開発するには、最高の条件を備えているのだ。

中でも黒潮の利用価値は大きい。黒潮はメキシコ湾流と並ぶ世界最大の海流で、幅は100kmもある。流速は場所によって異なり、3ノット（時速約5・6km）程度で流れることが多いが、四国沖や紀伊半島沖では4ノット（時速約7・4㎞）にスピードアップする。身近にあるこれほどの巨大エネルギーを利用しない手はない。

海流発電については以前から模索されてきたが、風力と比べると流れる速度が遅いため、巨大な海中タービンが必要になることなどがネックになって、開発はあまり進んでいなかった。

しかし、2011年度から「新エネルギー・産業技術総合開発機構（NEDO）」が、海洋エネルギーの技術開発プロジェクトの取り組みをスタート。以降、産学官が一体となって、海流発電などの研究開発に本腰を入れてきた。

海流発電の実証研究は2017年度までに実施される。実証研究で使われる技術は、東芝と重工業メーカーのIHIが中心になって研究開発を進めてきたもので、日本が世界に誇る最先端のテクノロジーだ。

電力を生み出す基本的な仕組み自体は、風力発電とそれほど変わらない。直径約40mの巨大なプロペラを海の中に設置。水平方向に移動する海流を受けてプロペラが回り、発電機を動かして電力に変換するというものだ。

プロペラは海底に固定されたアンカーに係留。そこから凧《たこ》を揚げるように伸ばして、水深50m程度の海中に浮遊させて海流を受ける。メンテナンスが必要なときには、海面まで移動させてから作業を行えるようにする。

かつては、この海中浮遊方式とはまったく逆に、海面に浮かべた構造物からプロペラを海中に下ろしていく方法や、海底にプロペラをしっかり固定させる仕組みなども考えられていた。

けれども、海上に構造物を設置すれば、海が荒れたときに大きな影響を受ける。海底に設置した場合は、メンテナンスを行うのが大変になる。ほかに何かいい手はないかと開発されたのが、海底から〝凧揚げ〟をするこの方法だ。

海中で稼働させる海流発電には、ほかの発電方法にはない独特の難しさがある。ひとつは、設備が海水の影響を受けて腐食しやすいことだ。これを防ぐため、腐食しにくい塗料で全面をコーティングするなどの対策が考えられている。

また、プロペラやアンカーを頑丈な造りにしないと、水圧や海流のパワーに負けて、すぐに故障して使えなくなる可能性がある。そこで、プロペラはFRP（繊維強化プラスチック）などの丈夫な素材を使って製造。発電機は鉄製の強固な圧力容器でカバーすることが考えられている。

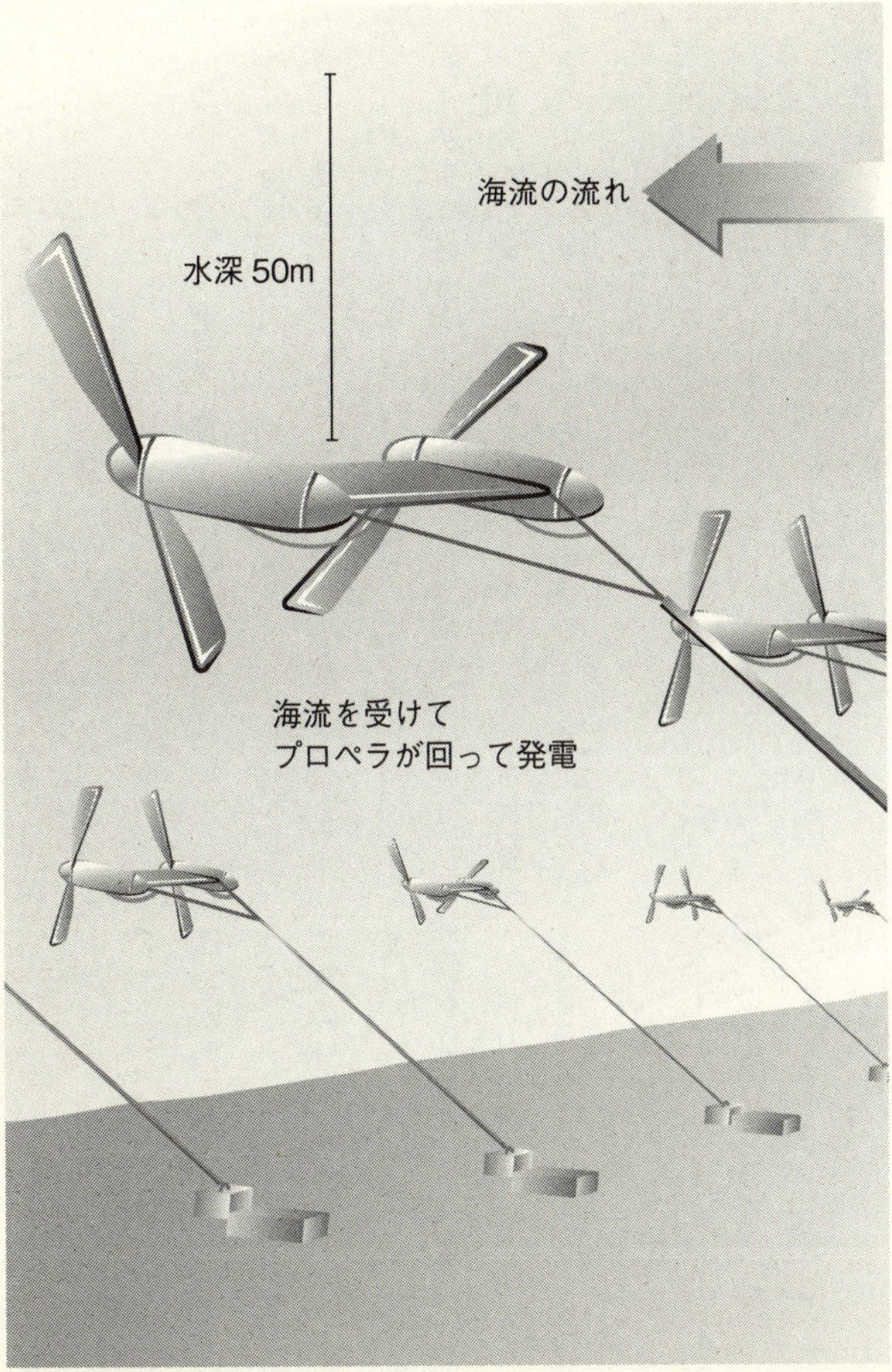
海流の流れ
水深 50m
海流を受けて
プロペラが回って発電

※東芝の資料より作成

海には生物も多いため、その影響を受けることも考慮しなくてはならない。たとえば、大きな魚やクジラが衝突したり、フジツボなどが付着する可能性もある。

こういったトラブルの影響については、机上のシミュレーションではなかなかわからない。今後、実証研究をしていくうちに、少しずつ明らかになっていくだろう。

メンテナンスについては、プロペラ部分は海面に浮上させて行うので問題はない。しかし、海底に設置しているアンカー部分をチェックするのは困難だ。このため、海中での作業にはロボットを利用することも考えられている。

再生可能エネルギーの中でも、海流発電はいったん設備を作ると、その後の利用率が極めていい。天候に左右されやすい太陽光の場合、設備利用率が10％超、陸上風力でも20％超とロスがかなり大きい。これに対して、海流発電は60～70％も利用できると試算されている。

NEDOは海流発電をはじめとする海洋エネルギー発電により、2020年代には発電コストを1kWh（キロワットアワー）当たり20円以下にすることを目指している。このコストは現在の太陽光発電よりも安い。未来を担うエネルギーとして、海流発電に対する期待は大きい。

日本が世界をリードする「宇宙太陽光発電」

エネルギー資源に乏しい日本。将来の安定した電力供給に向けて、さまざまな発電システムの研究が急ピッチで進んでいる。まるでSF映画のような発電方法である「宇宙太陽光発電」もそのひとつだ。

宇宙太陽光発電は1968年、米国の宇宙工学者、ピーター・グレーザー博士が提唱したのが始まりだ。その後、欧米などで研究が進められ、日本でも1980年代から研究活動を開始。1998年からは宇宙航空研究開発機構（JAXA）が本格的な研究を始め、現在では日本が世界のトップレベルを走っている。

同じ「太陽光発電」でも、地上と宇宙では得られる電力量がまるで違う。宇宙では光の散乱などの元となる大気がない。天候にも左右されないので、安定した発電ができる。このため、地上に電力を送る際に生じるロスを考慮しても、宇宙では地上と比べ、2・5～5倍程度も効率的に電力を生むことができるのだ。

しかも、化石燃料のように資源が枯渇する心配はなく、発電時に温室効果ガスも発生しない。自然災害の影響もほとんど受けないので、大きな震災などが発生した際にも、安定して電力を供給できる。さらに、うまくいけば電力の輸出もできるという、非常に大きな可能性を持った発電システムだ。

宇宙太陽光発電の仕組みを簡単に説明すると、まず、宇宙空間に巨大な太陽光パネルを設置して発電。その電力をマイクロ波やレーザー光に変換して伝送する。それを地上の受電設備で受け止め、電力に変換して利用するというシステムだ。

マイクロ波やレーザー光を地上に伝送する際、宇宙から見て受電設備が動いていると、正確に当てるのは難しい。そこで、太陽光発電パネルを取りつけた衛星は、高度3万6000kmに打ち上げられる。この高度にある衛星は、地球の自転と同じ速度で回るため、地球のある1点から見ると、止まっているように見える。こうした人工衛星のことを「静止衛星」と呼んでいる。

宇宙で発電した電力をマイクロ波にするか、レーザー光にするかについては、JAXAではまだ結論を出していない。

なかなか決められないのは、このふたつに一長一短があるからだ。マイクロ波は電磁波の一種で、波長が短いのが特徴。伝送する際、波長の長いタイプの電磁波よりも広がりにくいので、受電設備のアンテナをそれほど大きくする必要がない。

加えて、マイクロ波は雲を通り抜けるので、下界の天気に関係なく、安定して伝送することができる。このふたつがマイクロ波のメリットだ。

しかし、マイクロ波は強烈な電磁波なので、安全性には十分気をつけないといけない。ビーム内に鳥が入ると、即座に「焼き鳥」になるのでは……という笑えない冗談もある。そんなことがないように、実用の際には、エネルギー密度を下げて、太陽光と同じ程度にすることが考えられている。

これに対して、レーザー光の場合、マイクロ波よりもさらに波長が短いので、受動設備を一層コンパクトにすることができる。コスト的にはとてもうれしいことなのだが、受電アンテナを小さくすれば、ビームをより正確に伝送しなければならなくなる。これがなかなか大変なことなのだ。

マイクロ波の場合、高度3万6000kmから直径3km程度の受電アンテナに伝送することになりそうだという。これをわかりやすくいうと、名古屋駅に置いた直径9mの的を東京駅から狙うのと同じだ。

一方、レーザー光を選択し、受動アンテナを100分の1程度に小型化した場合、同じ条件で直径9cmの的を狙うことになる。レーザー光を実用化するには、極めて精度の高い伝送技術の開発が欠かせない。

また、レーザー光はマイクロ波とは違って、雲や雨、大気中のほこりなどの影響を受けやすいという弱点がある。小型軽量化しやすいのはメリットだが、電力供給の安定性でいえばやや劣ることになる。

宇宙太陽光発電には、ほかにも課題は多い。中でも最も難しい問題は、バカでかい太陽光パネルを宇宙空間上にどうやって造るのか、ということだ。たとえば原子力発電所1基分の電力を生みだそうとした場合、太陽光パネルは数km四方で重さ数万tの大きさまで巨大化する必要がある。

国際宇宙ステーションを作る場合、構造物の大きさ、打ち上げる高度がともに、宇宙太陽光発電の100分の1程度なのにもかかわらず、完成までには50回近くの打ち上げが必要だった。宇宙太陽光発電は全世界規模の事業になるだろう。

小惑星探査などとともに、日本が世界の最先端を走る宇宙開発のひとつである宇宙太陽光発電。実現はまだまだ先だが、間違いなくJAXAは本気で取り組んでいる。

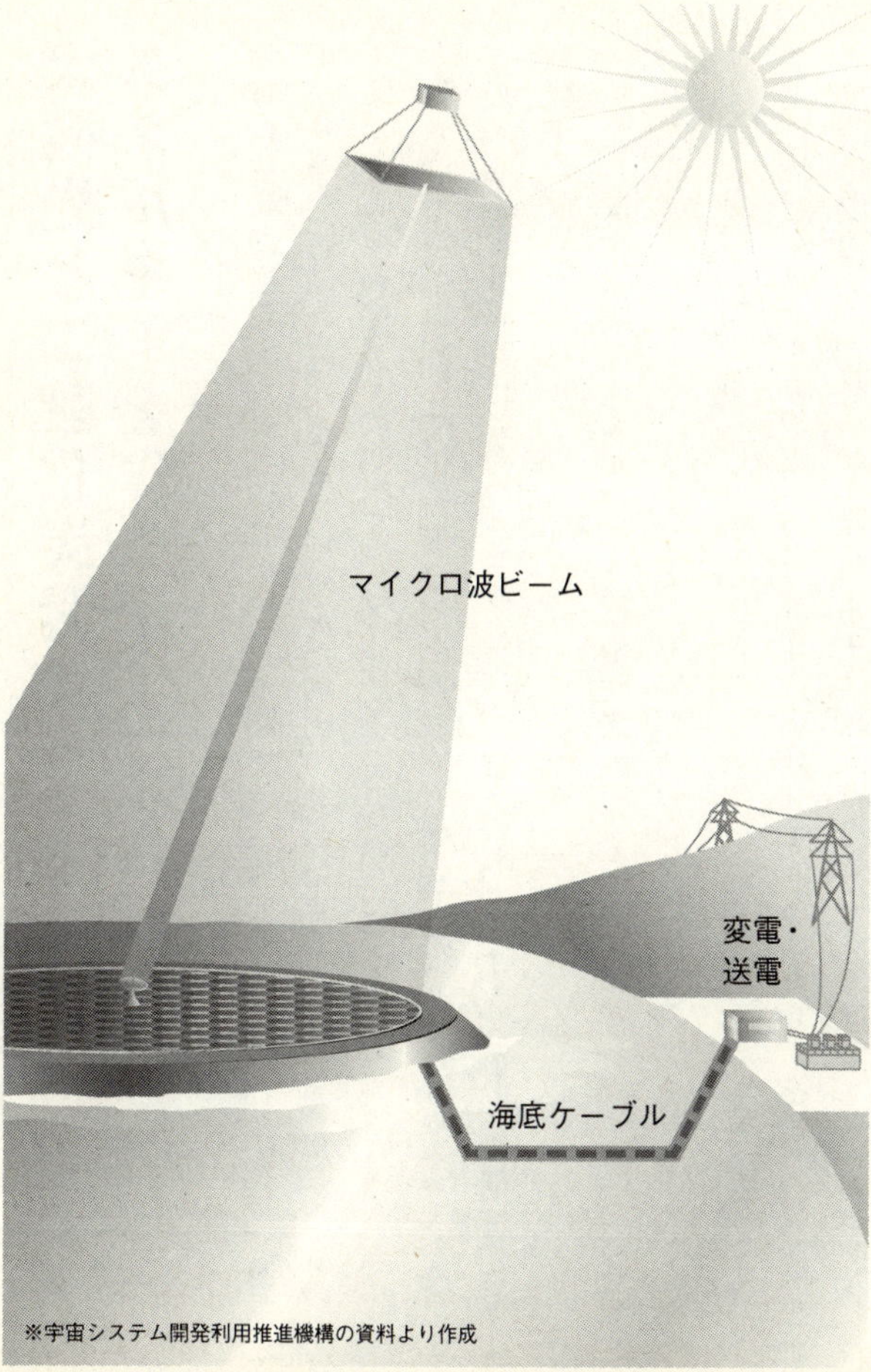
マイクロ波ビーム
変電・
送電
海底ケーブル
※宇宙システム開発利用推進機構の資料より作成

太陽光と二酸化炭素から
エネルギーを作る「人工光合成」

地球に生命が満ちあふれているのは、植物が光合成を身につけたおかげ。暮らしに欠かせない石油や石炭なども、死んだ植物が長い年月をかけて変化したものだ。地球は光合成によって生かされている、といってもいいだろう。

太陽光エネルギーと二酸化炭素などを使って、酸素と栄養を作り出す。植物によるこの不思議な仕組み、光合成を科学技術の力で行う「人工光合成」の研究が近年、急激に進んでいる。

人工光合成は太陽光エネルギーと二酸化炭素、水などの天然資源を使用。燃料に利用できるエタノールや、さまざまな工業製品の製造に使えるエチレンなどを作り出すことを目指している。

できた燃料を燃やすと、当然、二酸化炭素が発生するのだが、その量は材料に使った二酸化炭素量と同じ。プラスマイナスはゼロで、いくら燃やしても温暖化には結びつかない。しかも、材料は無尽蔵で、いくらでも使える。人工光合成は、これ以上ないほどのエコなエネルギー生産システムなのだ。

人工光合成の研究では、日本が米国と並んで、世界のトップレベルを走っている。最初の重要な研究は1972年、東京大学の本多健一名誉教授らによって行われた。この研究では酸化チタンに光を当てて、水を水素と酸素に分解することに成功。人工的に光合成ができる可能性を示した。

2011年にはエポックメイキングとなる研究結果が発表された。豊田中央研究所が単純な有機化合物であるギ酸（蟻酸）を作り出すことに成功したのだ。

この研究で、太陽光の持つエネルギーのうち、化学エネルギーに転換できたのはわずか0・03～0・04％。とはいえ、電気や有機物を加えない人工光合成としては、世界初の成功例となった。

以来、研究のスピードは一気に上がり、2012年にはパナソニックも人工光合成に成功。エネルギー転換率を一桁上の0・2％にまで高めた。

数字だけ見れば、これでもまだ低いように思えるかもしれない。しかし、エネルギー転換率0・2％というのはスイッチグラスという植物と同じ。スイッチグラスは光合成の能力が高く、増殖しやすいことから、バイオエタノールの原料として研究されている注目の植物だ。人工光合成のエネルギーを生み出す力は、この時点で、植物の光合成に追いついたことになる。

さらに2014年12月、世界をあっと驚かす研究が発表された。それまでの世界記録を一桁上回る、エネルギー転換率1・5％の人工光合成に成功したというのだ。この数字は、植物の中でも光合成の能力が格別優れている藻類に匹敵する。

注目の技術を開発したのは東芝。火力発電によって生み出される二酸化炭素を分離回収するシステムで利用し、温暖化ガスの軽減に貢献することを目指している。今後、2020年代の実用化を目標に、さらなる研究開発を進めるという。

人工光合成の技術を実用化するには、エネルギー転換率を10％程度にまで上げる必要があるともいわれる。まだ遠い世界のようにも思えるが、2011年からのわずか3年で、約50倍も効率を高めることに成功している。これから先はとんとん拍子に研究が進む可能性もある。

温暖化防止のための重要な対策になり得る人工光合成。日本が先陣を切って、その技術を世界に広める日は近そうだ。

海水を使って軍艦を動かす、米海軍の悲願「海水燃料」

石油などの化石燃料がやがて枯渇してしまうことは、随分以前から指摘されてきた。そのときを睨んで、米海軍では数十年前から、ある新型燃料に関するミッションに取り組んできた。

艦隊の周りに無尽蔵にある「海水」から燃料を作り出せ！という、ちょっとあっけにとられるような研究開発だ。

海水を燃やせるはずがない。大方の人はこう考えるだろうが、研究は真剣に続けられてきた。そして、米海軍研究試験所が２０１４年に発表したところでは、ついに「海水燃料」を作り出すことに成功。これまでになかった新型燃料によって、ラジコン飛行機を飛ばすことができたという。

燃料の元となるのは、海水から取り出した二酸化炭素と水素。これらの気体を、触媒を介した「ＧＴＬ」プロセスによって、燃料となる液体炭化水素を製造する。

「ＧＴＬ」とは「Ｇａｓ（気体）Ｔｏ Ｌｉｑｕｉｄｓ（液体）」の略で、気体である天然ガスを液体燃料にする際などでも使われる最先端の技術システムだ。

米海軍研究試験所によると、この画期的な海水燃料を製造するうえで、当面、1ガロン（約3・8ℓ）当たり3～6ドル（約360～720円）ほどのコストがかかるという。

この新型燃料は、見た目も臭いも従来の燃料と大きくは変わらない。ラジコン飛行機の実験では、燃料として問題なく使えたという。

米海軍研究試験所では今後、ＧＴＬプロセスをさらに改善し、液体炭化水素を効率良く作り出し、大量生産を可能にするよう取り組んでいく。

米海軍が現在持っている艦船は288にのぼる。そのうち、航空母艦数隻と72の潜水艦については核燃料で推進するが、それら以外の大部分の艦船は石油燃料に頼っているのが現状だ。

海水燃料が実用化されれば、洋上のどこででも燃料を補給できるようになる。そうなると、いまよりもはるかに自由に艦隊を動かせるはずだ。実用化間近の海水燃料は、単なるエネルギー問題以上の大きな意味を持っている。

石油に代わるジェット燃料、その原料は「ミドリムシ」

2008年頃から、「バイオエタノール」という言葉をよく聞くようになった。トウモロコシやサトウキビから作り出される、植物由来のエタノールのことだ。エタノールはガソリンの代替エネルギーになることから、温暖化対策の切り札のひとつとして注目された。

植物を原料とする燃料（バイオ燃料）を燃やせば、当然、二酸化炭素が発生する。しかし、植物は生育する段階で、光合成によって二酸化炭素をたっぷり吸収している。このため、バイオ燃料を燃やしても、大気中の二酸化炭素は増えない。

バイオエタノールはバイオ燃料の一種。エコな燃料として、ぐんぐん需要を増やしていきそうだったが、一方で大きな短所も持っていた。トウモロコシやサトウキビは本来、食糧として栽培されているため、これをバイオエタノール用に回すと、食糧価格の高騰を招く恐れがあるのだ。

もうひとつ、バイオエタノールの欠点は、主にガソリンの代替燃料であること。ディーゼルエンジンやジェット機の燃料にはならないのだ。

バイオエタノールに取って代わることのできる新しい燃料はないか？　近年、大いに期待されるようになったのが、池や沼、海辺などにいる「藻」から作り出す新タイプのバイオ燃料だ。

藻は光合成によって、少しずつ油をためていく。何と単位面積当たり、トウモロコシの最大700倍、アブラナ（菜種）の最大120倍の油を抽出できる。顕微鏡サイズの小さい体に、とてつもないポテンシャルを秘めた「夢の資源」なのだ。

開発が先行しているのは、化石燃料からの移行を目指しているアメリカだ。すでに藻類バイオ燃料の量産が可能になり、ガソリンの代替燃料として部分的に使われるようになっている。さらに米軍でも積極的な導入が進められており、艦船や航空機の主力原料のひとつとなるのも間近という。

現時点で、藻類バイオ燃料の弱みは値段が高いことにある。ガソリンは1ℓ160円前後だが、米国防総省は現在、藻類バイオ燃料を1ℓ650円程度で購入しているのだ。しかし、量産化などで徐々に安くしていき、2018年には1ℓ80

円まで下げることを目標にしている。

日本でも近年、藻類バイオ燃料の研究が盛んに行われるようになった。中でもユニークな研究をピックアップして紹介しよう。「ミドリムシ」を原料とするバイオ燃料の開発だ。

ミドリムシとは学校の理科の授業で習う、あの「奇妙な生き物」のことだ。動くことができるのに、なぜだか光合成もできる。動物だか植物だかわからないような生き物だが、一応、「ユーグレナ植物門」（ユーグレナはミドリムシの学名）に属する藻の一種とされる。

このミドリムシから作るバイオ燃料のメインターゲットはジェット機だ。ジェット機は高空を飛ぶため、ときには外気温がマイナス50℃ほどにもなる。このため、低温の環境でも安定を保つ、軽い質の燃料しか利用できない。いまジェット燃料として使われているのも、主に灯油タイプの軽質の燃料だ。

藻類バイオ燃料は全般的に質がやや重いので、ジェット燃料には使いづらい。これに対して、ミドリムシのバイオ燃料は油の質が軽いのが特徴。この特性から、ジェット燃料にぴったりなのだ。

じつは、ジェット燃料はマーケットとして、いまが非常に〝狙い目〟。というのも、航空業界はごく近い将来、温暖化対策として、二酸化炭素排出の削減が強く求められるようになるからだ。EUでは2017年から、航空機由来の二酸化炭素を10%削減する規制が始まるといわれている。

ミドリムシのバイオ燃料は、2018年までにジェット燃料として利用されるようになるのが目標だ。研究を進めているのは、ミドリムシを原料とする食品や化粧品を開発している東京大学発のベンチャー企業、ユーグレナなど。「ミドリムシジェット機」の機内で、ミドリムシのクッキーなどを提供するのもおもしろい。

日本ではほかにも、さまざまな藻を使ったバイオ燃料の開発が進められている。神戸大学で開発した「榎本藻《えのもとも》」もそのひとつ。ボトリオコッカスという藻を品種改良したもので、従来のものよりも約1000倍の増殖能力があり、バイオ燃料の増産ができるのではないかと期待されている。

また、仙台市の下水処理施設では、復興プロジェクトの一環として、汚水浄化と同時に燃料も作り出す実証実験が行われている。藻から生まれる燃料のニュースは、今後、どんどん発信されそうだ。

■参考ホームページ

●JAXA 宇宙航空研究開発機構
●宇宙エレベーター協会
●医用原子力技術研究振興財団
●テルモ科学技術振興財団
生命科学DOKIDOKI研究室
●熊取町　ホウ素中性子補足療法とは
●愛知学院大学
●芝浦工業大学
●JHFC 水素・燃料電池実証プロジェクト
●日本科学未来館　科学コミュニケーターブログ
●ハクト
●大学ナビ　暮らしに役立つ身近な光学3
●大学タイムス
農機のロボット化で日本の農業問題を解決したい
●夢ナビ
全自動のロボットで環境に優しい食料生産を実現する
●WAOサイエンスパーク
フロントランナーVOL・23
●「最先端を親切に」、医療と健康の情報サイト
Med エッジ

●テーマパーク8020　再生医療の今とこれから
●リンククラブ
再生医療の最先端を切り拓く若き先駆者たち
●夢ナビ　細胞サイズの分子「ロボット」の制御
●がんになったら読むマガジン
“未来の医療”がもうすぐ現実に？
●DIME 世界が驚く超最先端テクノロジー ほか
●スマートジャパン　自然エネルギー
●WAOサイエンスパーク
●宇宙旅行ニュース
●クラブツーリズム・スペースツアーズ
●NHK「かぶん」ブログ
●NHK　解説委員室
●NHK　週刊ニュース深読み
●NHKニュース　おはよう日本
医療現場　驚きの最前線
●NHK 技研公開2014
●日本経済新聞
●日経デジタルヘルス
3Dプリンターで本物の臓器は作れるのか？
●日経ビジネス
開発が進む「人造肉」　宇宙太陽光発電システム　ほか

●朝日新聞デジタル　乃木坂と、まなぶ
●ロイター
●Newsweek
米海軍の「海水燃料」がもたらす大変革
●東洋経済オンライン
●SankeiBiz
「パンクしないタイヤ」実用化に現実味
●JCASTニュース　経済
●R25
●帝国書院　高等学校　現代社会へのとびら
●学研サイエンスキッズ
●トヨタ自動車
●日産自動車
●大林組
●日立総合計画研究所　藻類バイオ燃料
●NTT
●ATR
●富士通
●ブリヂストン
●IHI・東芝「海流発電システム」実証研究を開始
●東芝　研究開発センター
●コーセー

●理科学研究所「ROBEAR」
●加計グループ「情報ステーション」
●SID総研　好適環境水事業
●みらい　植物工場のしくみ
●日本ケミカルリサーチ
●CYBERDYNE
●ユーグレナ
●セゾン投信　社長対談　ユーグレナ
●BURTON
●DARPA
●Mars one
●Bigelow Aerospace
●Hyperstealth Biotechnology
●TRIPLEW
●New Deal Design
●Boston Dynamics
●SORAE.jp
●DEZEEN AND MINI FRONTIERS
●IHI NeoG Algae
●btrax
●UDR　3Dプリンター
●植物工場 農業ビジネスonline

- ITmediaニュース
- 農業IT×ロボット・製品動向 ほか
- GQジャパン
- FUTURUS
- ライブドアニュース
- ドラえもんの透明マント、実現へ
- excite.ニュース
- 海外ITニュース速報
- 週アスPLUS
- ねとらぼ
- ロケットニュース24
- カラパイア
- テレスコープマガジン
- ライフハッカー
- ASSIMA 職業犬と人間のコミュニケーションを
支援するFIDO
- IRORIO ガジェットのニュース
- ガジェット通信
- アスキー デジタル
- Gigazine 「RoomAlive」ほか
- CNET 「RoomAlive」ほか
- WIRED 「RoomAlive」ほか

- 日刊アメーバニュース
- GE Reports Japan
- マイナビニュース FUTURUS/テクノロジー
- J-Net21 デジ・ステーション
- HealteTech News
- npr
- engadget 日本版
- mail Online Science & Tech
- nature.com
- Science Newsline
- ZOOL BOX
- International Business Times
- レスポンス
- 知的好奇心の窓 トカナ
- オートブログ
- えん食べ
- みんなの花図鑑 花の豆知識
- ミリタリーブログ

■参考文献

●『2100年の科学ライフ』
（ミチオ・カク／NHK出版）
●『21世紀はどんな世界になるのか』
（眞 淳平／岩波ジュニア新書）
●『明日を拓く55の技術』
（日経BPテクノインパクトプロジェクト）
●『日経ものづくり 2015年2月号』
「特集・10年後の製造業」（日経BP社）
●『ホントにすごい！日本の科学技術図鑑』
（双葉社）
●BNCT ホウ素中性子補足療法
（京都大学原子炉実験所・熊取町）

STAFF

本文デザイン・イラスト
スウプウデザイン（石川由以）
編集協力
編集工房リテラ（田中浩之）

青春文庫

医療《いりょう》・食品《しょくひん》・通信《つうしん》・ロボット・乗《の》り物《もの》・宇宙《うちゅう》…実用寸前《じつようすんぜん》のすごい技術《ぎじゅつ》

2015年 5 月20日　第1刷

編　者　話題《わだい》の達人倶楽部《たつじんくらぶ》

発行者　小 澤 源 太 郎

責任編集　株式会社プライム涌光

発行所　株式会社青 春 出 版 社

〒162-0056　東京都新宿区若松町 12-1
電話 03-3203-2850（編集部）
03-3207-1916（営業部）
振替番号　00190-7-98602

印刷／中央精版印刷
製本／フォーネット社
ISBN 978-4-413-09620-1